安徽省高校优秀青年人才支持计划重点项目（gxyqZD2020035）
安徽省高校自然科学研究重点项目（KJ2019A0749）

环巢湖地区
历史建筑风貌特征与活化研究

牛婷婷　覃焕莲　赵俊然　·著

东南大学出版社
SOUTHEAST UNIVERSITY PRESS
·南京·

图书在版编目(CIP)数据

环巢湖地区历史建筑风貌特征与活化研究 / 牛婷婷,
覃焕莲,赵俊然著. — 南京:东南大学出版社,2024.3
ISBN 978-7-5766-0921-9

Ⅰ. ①环… Ⅱ. ①牛… ②覃… ③赵… Ⅲ. ①古建筑
—建筑艺术—安徽 Ⅳ. ①TU-092.2

中国国家版本馆 CIP 数据核字(2023)第 202857 号

责任编辑:贺玮玮 责任校对:子雪莲 封面设计:毕 真 责任印制:周荣虎

环巢湖地区历史建筑风貌特征与活化研究

Huan Chaohu Diqu Lishi Jianzhu Fengmao Tezheng Yu Huohua Yanjiu

著 者:牛婷婷 覃焕莲 赵俊然
出版发行:东南大学出版社
出 版 人:白云飞
社 址:南京市四牌楼 2 号 邮编:210096
网 址:http://www.seupress.com
经 销:全国各地新华书店
印 刷:广东虎彩云印刷有限公司
开 本:787 mm×1092 mm 1/16
印 张:9.25
字 数:190 千字
版 次:2024 年 3 月第 1 版
印 次:2024 年 3 月第 1 次印刷
书 号:ISBN 978-7-5766-0921-9
定 价:56.00 元

目　录

绪 言

0.1 研究背景

0.1.1 历史建筑存在的价值

历史是一个发展的过程,城市也一直在这样的环境中持续发展与更新,随着人类活动发展的建筑也成了城市乃至人类历史发展的必然产物。随着时间的推移与外部环境的变化,越来越多的各种积淀会加诸建筑之上,使其呈现出厚重的历史价值、科学价值与艺术价值。"与血肉之躯相比,由坚固的石头和钢铁组成的建筑拥有更为长久的生命,时光的飞逝是无情的,但对于建筑来说却会使其拥有历史的光辉,在这里面发生的事件和曾经居住在里面的人们都将成为长久的记忆。"[①]

历史建筑作为最为显像的文化记忆符号,记录并反映着社会历史文化的发展进程。不同于常规类型的遗存,一些历史建筑依然保留有空间属性,处于持续使用的状态,反映着自该建筑场所建成以来该区域的发展历史、人民的生活方式以及建筑发展的技术、艺术水平等。历史建筑是人类社会中不同时间维度所发生事件的空间载体,可以作为重要的特定历史时期的反映标志,是不可多得的珍贵遗产。

对于从历史长河中存留下来的建筑遗产来说,其存在的意义除了建筑本身具有的物质属性所体现的艺术价值以外,还有其空间所容纳的社会功能活动[②]。相比于人类在建筑中进行活动的时间,建筑在历史长河中应该拥有更长的寿命,但伴随着各种恶劣自然条件的洗礼,建筑本身的寿命却在逐渐缩短;随着时代的变迁,建筑所具备的原始功能很难满足当代社会发展的新的功能需求。梁思成先生就曾指出,在建筑的三要素(坚固、适用、美观)中,适用性是最为重要的,因为它会直接影响到人们的生活质量水平以及社会各业的生产

---

① 迪耶·萨迪奇. 权力与建筑[M]. 王晓刚,张秀芳,译. 重庆:重庆出版社,2007.
② 陆地. 建筑的生与死:历史性建筑再利用研究[M]. 南京:东南大学出版社,2004.

效率。不符合当代社会需求的建筑需要对其进行适应性的改造与升级，以达到适应当前社会功能与需求的目的。社会与经济的发展一定程度上促进了新建筑的发展，社会公众的认知及相关法律体系的不完善、社会的实际需求发生改变等原因也使得原有的旧建筑很大程度上面临着被拆除、改造或者搬迁的命运。民众在很长一段时间都没有关注到历史建筑存在的意义和价值。从18世纪后，对建筑的认识从实用性与功能性角度开始向文化性角度倾斜，建筑遗存的历史价值开始引起关注，到19世纪初，法国首先开始将对建筑遗产的历史价值、艺术价值等方面的关注上升到了政府层面，第二次世界大战后的美国也越发注重建筑遗产的保护，人们开始逐渐认识到建筑遗产的价值与重要性。

2015年8月，国家旅游局正式批复通过"环巢湖旅游休闲区"规划，参考"环巢湖国家旅游休闲区"规划的核心地区，划定为"一湖、两城、十二镇"，其中，"一湖"指巢湖，"两城"指合肥市滨湖新区与巢湖市市区，"十二镇"为肥东县长临河镇，巢湖市中庙镇、黄麓镇、烔炀镇、柘皋镇、中垾镇、散兵镇、槐林镇，肥西县三河镇，庐江县同大镇、白山镇、盛桥镇。在2016年底，《环巢湖国家旅游休闲区总体规划》编制完成，环巢湖地区国家级旅游休闲区的建设开始启动。规划以生态和人文为核心，计划打造一个具有江淮地域文化特色的休闲旅游区。在此宏观背景下，环巢湖地区文化遗产的保护和活化成为实现这一战略性目标的重要一环。

0.1.2 历史建筑保护发展的途径

建筑作为城市机体构成的主体，其建设情况密切影响着城市的发展。追溯城市发展的历史，城市发展的全过程是一个不断更新、改造的新陈代谢过程。[①] 20世纪90年代，我国经济得到复苏并快速发展，大面积的推倒重建及土地整体开发是城市发展最为主流的模式。在这个过程中，一方面既要维持、满足城市现有的发展趋势，另一方面又要保持城市的传统特色、历史风貌，使得建设过程面临着不可逃避的选择和巨大的压力，如何对待城市内的历史遗存成为现代城市建设道路上的一大难题。在弘扬民族文化、传承历史技艺越来越得到重视的趋势下，对待历史建筑的方式也从拆毁重建转变为维修和

---

① 阳建强，吴明伟. 现代城市更新[M].南京：东南大学出版社，1999：1.

保护。历史建筑再利用开发已经成为城市更新的一种重要手段,再利用也为历史建筑带来了新的生机与活力。建筑的再利用发展需求主要可以从以下几个方面得以体现:

(1)建筑再利用与建筑保护具有相互促进的关系

梁思成先生说过,"历史建筑在作为文物的身份而受到特殊保护的时候,还应当予以合适的利用""对待历史建筑应采取区分对待的态度与不同的保护措施,有的建筑如故宫,应该采取绝对保护的方式,不能改造;有些历史建筑则可以在保护的过程中予以利用,并在利用的过程中得到更加妥善的保护"[①]。对于历史建筑来说,其保护和再利用实质上是一个相互增益的过程:保护是建筑进行再利用的目的,而再利用也是对建筑另一种形式的保护,二者是相辅相成的关系,如果再利用没有以保护作为前提,那么其再利用的价值也无法最好地体现出来,建筑的使用周期也难以长久延续。无论处于哪个时代,建筑存在的本质意义都是为了满足人们使用的需求,为人们提供相应的功能空间,相比于将其空置或进行封存性质的保护,充分发挥建筑应有的价值是从根本上对其生命力的延续。

目前,越来越多的历史建筑都被列为文物保护单位,但在实际保护过程中,存在部分建筑被以"博物馆式"或"冷冻式"等较为消极的保护方式封存起来的现象。部分建筑处于闲置甚至半荒废的状态,加之管理维护方面的不完善,导致部分具备较高历史价值的建筑风貌不佳,人迹罕至,甚至被埋没。近年来,随着社会对于历史建筑保护关注度的提高与百姓意识的普遍转变,人们对于建筑的保护意识也在不断增强,整体进步较为明显。为避免消极的保护方式,我们可以在相关法律法规的范围内对建筑本体进行适当的改造,在不改变其建筑风貌与文化的同时进行补充优化,使其适应当下社会的需求,让历史建筑成为现代生活重要的组成部分,对其输入新鲜血液,延续其生命的活力,实现对历史建筑有效的保护。

(2)再利用是城市建设的需求

改革开放以后,国内经济快速发展,城市进入了飞速扩张阶段,有限的空间引发了新旧建筑之间的矛盾。城市在建设的过程中因一味地追求现代化,导致风貌趋于同化,形成"千城一面"的局面,地域特色缺失。具有独特历史价值的建筑遗存在城市风貌构成中具有重

---

① 梁思成.梁思成全集:第五卷[M].北京:中国建筑工业出版社,2001.

要的作用,可以强化城市特色,有效提升城市区分度。城市的独特性和多样性是城市社会生态的重要组成,因此,对城市来说,进行历史建筑的再利用也是维持该城市风貌的独特性与多样性的必要手段之一。简·雅各布斯在其著作《美国大城市的死与生》中对盲目拆除旧建筑并以新建筑取而代之的城市建设理念进行了批判,同时也阐述了历史建筑对城市的独特性和多样性具有重要影响,并提出通过对历史建筑的再利用能够节省城市内部的空间成本,从而提升城市的经济活力。因此,从城市文化传承的角度出发,对历史建筑进行再利用尤为必要。

(3) 再利用是可持续发展的需求

自人类进入工业社会以来,资源消耗量剧增。为了能够保持长久稳定的发展,国际社会于 20 世纪末提出了"可持续发展"的理念和"再生时代"的概念,其中"再生"的概念就包括了再循环(recycle)、再利用(reuse)、再刷新(refurbish)、再改造(reform)。这种思想也影响到了历史建筑的发展走向,相比而言,对旧建筑进行拆除所需耗费的成本,比对其进行再利用消耗的成本要高很多[①]。同时,对日益紧迫的自然环境及资源问题而言,对旧建筑进行再利用也可以有效减少建筑活动对环境产生的压力。

0.1.3　传承弘扬地域文化的依托

历史建筑是人类社会发展进程中一个自然形成的物质,记载着不同时代的人类社会文明,是文明系统中不可或缺的部分。随着 20 世纪现代主义建筑运动的浪潮席卷而来,建筑开始出现趋同化的现象。当各地的建筑风格越来越相似的时候,人们开始重新将目光投射到传统的地域建筑文化上。我们国家疆域辽阔,民族众多,文化差异巨大,历史建筑各具特色,各地丰富的地域建筑文化成为学术界研究的焦点。

目前国内对建筑的地域性特征研究基本遵循着传统的地理区域划分规律。在安徽境内一般分为皖北、皖中和皖南,分别对应中原文化圈、江淮文化圈和徽州文化圈。在目前的学术研究中,江淮文化圈忽略了巢湖流域文化。巢湖地处安徽省中部、江淮丘陵地带的中心,完善的水路交通系统为环巢湖地区提供了良好的商业基础,各地的

---

① 蒋楠,王建国.近现代建筑遗产保护与再利用综合评价[M].南京:东南大学出版社,2016.

人群纷至沓来。作为连接南北的要道，巢湖自古以来就是兵家必争之地，这里战争频发，百姓随着疆域的变化而迁移，多种文化在这里交汇、融合，促进了该地区文化体系的形成。建筑营造受到南北文化的影响，表现出多样化的地域建筑特征。区域内古建筑年代久远，类型包括古遗址、古墓葬、府邸民宅、宗祠、宗教建筑等，非常齐全，清朝时期及民国时期的代表性历史建筑数量很多。研究环巢湖地区的建筑遗存，可以了解该地区的建筑形态，掌握建筑发展的历程，探索社会发展对建筑特征的影响；通过对建筑特征的分析和梳理，可以深入认识建筑的历史价值特色，同时积极配合城市建设发展和建筑保护工作。

建筑是有生命的，只有被使用的建筑才有留存下去的动力，如何有效保护和活化地区性文化遗产，自然成为关注的焦点。中国城市正在经历社会经济的转型，建筑遗产再利用作为提升城市竞争力、资源集约利用率的有效手段，对城市各个组成部分都有深刻影响。对环巢湖地区建筑遗存进行调查分析并对其进行再利用方式的优化研究，是城市可持续发展的需要，同时也是对传统建筑文化、民族文化的保护与传承。

我国历史建筑存量较大，但除被列为重点保护的对象外，还有大量的历史建筑因得不到有效的保护而在岁月和风雨的侵蚀下损毁甚至消逝，或是在城市的发展与建设过程中以各种方式被伤害。为了能够有效地保护这些建筑而又不影响城市的经济建设与发展，使城市发展和保护工作同时有效进行，必须让历史建筑得到合理的利用，使历史建筑不再是城市发展的矛盾面，并使其保护工作得到越来越多的重视。在环巢湖地区历史建筑再利用过程中出现的矛盾和问题，能够一定程度上反映出当前环境下国内历史建筑再利用存在的普遍性问题。对环巢湖地区历史建筑再利用进行研究，探讨有效的再利用方式，不仅对该地区历史建筑再利用工作具有参考意义，同时也能够为其他地区的历史建筑再利用进程提供一定的借鉴。

很多历史建筑面临着拆除重建或是被遗弃的风险，还有一些建筑由于地处偏僻、保护不力，处于半荒废的状态，历史风貌受损严重，已经难以体现其所蕴含的历史价值。因此，从多维度全面分析当前对历史建筑再利用影响较为显著的因素，并对其进行针对性的重点优化，对于历史建筑的保护与活化具有重要意义。

针对上述存在的问题，对历史建筑进行再利用优化研究不仅具备理论意义,也具有一定的实践价值。本书立足于从已有的历史建筑再利用方式中寻求最优解,从历史建筑的角度出发研究历史建筑在城市迅速发展的必然趋势下的适应状况。另外,梳理归纳目前存在的问题,旨在筛选、提取对环巢湖地区历史建筑影响较为显著的因素,从而能够更具针对性地对历史建筑再利用提出优化策略。

0.2 相关研究进展

从地域上划分,环巢湖地区属于安徽中部,即皖中地区;从文化圈上划分,环巢湖地区属于江淮文化圈,是中华文化的发源地之一。在历史上,这里方国林立,也是兵家必争的古战场,楚文化和吴越文化在这里交汇融合。历史上曾发生过四次人口大迁移,使得巢湖流域一带形成了兼容并包的移民文化。对环巢湖地区的研究兴起于 21世纪初,集中在国内的学术界,研究的方向主要有以下几个方面:

0.2.1 历史与文化

作为区域性研究,省志、市志和县志是重要的研究资料,除此之外,《简明中国移民史》和《中国移民史》等著作为研究环巢湖地区的人口迁移提供了资料支持。在历史文化方面关于环巢湖地区的著作主要有《巢湖文化全书》和《环巢湖十二镇》。《巢湖文化全书》从 2007年起陆续出版,共有 10 卷,主要讲述了巢湖流域的历史、名人、名胜、工农、教育、军事、艺术和民俗等方面内容,从多个角度梳理了环巢湖地区的历史文化和民风民俗,是研究环巢湖地区文化的基础资料,但该套书籍在建筑方面的着墨不多,只是在部分章节上将建筑作为一种文化载体提及。《环巢湖十二镇》选取了环绕巢湖的十二个小镇,配合旅游休闲区建设,从历史人文、自然地理、经济社会发展、历史古迹、名家名人等多个方面,图文并茂地介绍了十二个小镇的鲜明特征,与建筑相关的记载不多。在论文方面,翁飞的《环巢湖文化撷谈》从历史、考古、地缘、民俗和人文等多方面论证了"环巢湖文化圈"的合理性;宁业高、杨福生、王心源的《居巢考释》,张永猛、任颖的《巢湖名称考略》对环巢湖的历史沿革、巢湖的名称由来及变化进行了梳理;《巢湖区域文化性格特征浅析》一文通过对环巢湖地区的文化发展进行梳理,剖析该地区的文化性格,并挖掘当地人们的价值取向。民风民俗方面的论文主要有《巢湖区域文化研究》和《巢湖区域传统生育文化研究》，文章论述了环巢湖地区的文化区位、历史沿革、民间传统文化以及该地区文化的基本特质。这些研究成果奠定了对环巢湖地区的文化交融及发展历史的基本认知。

0.2.2 生态与旅游

生态文明的形成受到时间、空间、社会经济、生产技术和文化等多种因素的影响，也体现了一定的区域特征。在学术界有部分针对环巢湖地区生态文明和生态环境的研究成果，相关学者对环巢湖地区的植被结构、农业发展和环境特点进行了探讨，比较系统地分析了环巢湖地区生态文明的区域特征、发展速度、方法和规模，为研究未来的发展模式提供了基础资料。其中，《明清时期巢湖流域农业发展研究》比较具有代表性，它探讨了明清时期环巢湖地区人口和农作物种植结构，农田水利兴修、开发利用与生态环境变迁之间的动态关系，借助多学科的理论和方法，分析当地明清时期农业经济的发展。文中阐述了该地区的地理环境、社会条件、人口增长和移民文化，为了解环巢湖地区的背景提供了资料。

随着《环巢湖国家休闲旅游区总体规划》的制定，环巢湖地区的生态文明和旅游资源成为研究的热点，人们开始关注如何更有效地保护当地的环境，和如何更有效地利用当地的资源。在旅游产业方面，以合肥工业大学为代表的研究成果颇丰，一部分文章针对环巢湖地区的旅游资源进行了考察和梳理，评估了该地区的旅游资源价值，研究了环巢湖地区旅游圈协作开发的可能性，构建了区域旅游圈的规划理论框架。《环巢湖生态旅游可持续发展研究》根据环巢湖旅游区的现状，分析它在发展过程中出现的问题并提出优化策略。《旅游发展中的传统聚落特色风貌提升策略研究——以三河古镇为例》从风貌的营造和修补上探讨如何在旅游发展中提升传统聚落的风貌特色，文章比较详细地介绍了三河古镇的街巷、建筑、景观和商业分布，并建立了古镇的空间风貌数据库。《旅游专项规划环境影响评价指标体系研究——以安徽省环巢湖旅游开发规划为例》建立了环巢湖地区项目生态影响的评价指标体系，为休闲区规划的具体实施提供了基础资料。

0.2.3 规划与建筑

建筑、规划等专业对环巢湖地区的研究起源于对安徽建筑的研究。相关著作主要有《安徽古建筑》《中国传统建筑解析与传承·安徽卷》《环巢湖地区名人故居的保护与设计研究》以及《湖与山——明初以来巢湖北岸的聚落与空间》等。《安徽古建筑》按照朝代发展的时间顺序,论述了不同类型建筑的分布、发展和特点,选取了部分具有代表性的建筑作为案例,阐述它们的构造类型和细部装饰。《中国传统建筑解析与传承·安徽卷》从自然环境、历史文化、营造技术几条主线对安徽省不同地区、不同年代、不同功能的代表性建筑进行了归纳,分析了安徽省不同地区建筑的特征,寻找并传承其有价值和生命力的要素;书中介绍了包括环巢湖地区在内的皖中地区的建筑遗存,但是数量不多,仅有三河古镇杨振宁旧居、刘同兴隆庄、仙姑楼、烔炀镇金家大宅等建筑实例属于环巢湖地区。《环巢湖名人故居的保护与设计研究》立足于环巢湖地区名人故居的现状,对其概况作了综述;对建筑的特征、建筑的形成因素和保护现状进行梳理,主要对保护过程中存在的问题及规划设计进行分析。张靖华博士从 2008 年起,在不同期刊上发表了多篇以研究环巢湖地区的移民背景、聚落形态为主的论文,并在 2019 年出版了《湖与山——明初以来巢湖北岸的聚落与空间》,书中详细分析了环巢湖北岸移民聚落的背景和空间形态、"九龙攒珠"聚落形态形成的因素,以及移民聚落的建筑空间。

相关论文的研究内容可以总结为"规划"和"建筑"两个方向,研究成果主要以合肥工业大学的硕士论文为代表。在规划专业方面,侧重选取环巢湖地区较受关注的区域进行研究。《新型城镇化背景下环巢湖地区乡村空间演变研究》一文主要研究了环巢湖地区在 2009 年至 2017 年间乡村空间要素的演变和特点。《皖中地区"九龙攒珠"类村落空间形态及特征研究》探索了"九龙攒珠"式布局的村落空间的自然环境、经济和文化,探究了村落空间的特征,为传承地方传统建筑遗产提供了参考;文章选取了张治中故居和山门李民居两个例子进行研究。《江淮地区居住环境的地域特性研究》主要探索了江淮地区居住环境的特色和发展。《巢湖中庙镇历史风貌保护规划对策研究》介绍了中庙的风貌,分析了保护的价值所在,并探索了发展过程中出现的问题。另外,还有对古镇的历史或保护方法的研究,例如《柘皋古镇研究》主要梳理古镇在保护过程中遇到的困难,并提出保护建议和措施。《遗产保护视野下的古镇重建——以三河为例》对古镇的重建情况及效果进行评价,结合实际,归纳古镇重建的实际意义、法律依据和实施措施等;在文章中介绍了三河古镇的物质文化遗产和非物质文化遗产,其中建筑相关方面主要介绍了以刘同兴隆庄为代表的古民居。在建筑专业方面,比较注重新型农村的新建建筑如何继承和发展地域建筑的风格。《新乡土视野下环巢湖地区村民活动中心建筑创作研究》一文探索了具有皖中江淮风格的村民活动中心建筑的设计手法。《环巢湖地区乡村住宅设计研究——以洪家疃村为例》主要研究在现代农村住宅设计中如何传承地域特色。《皖南与皖中地域建筑风貌解析与传承方略研究》主要是将皖南徽派建筑风貌和皖中江淮建筑风貌进行比较研究。

综上所述,环巢湖地区的相关研究有较多的方向和成果,并呈现出向前发展的趋势。不过,从研究的对象和内容上看,存在着不平衡的状况。比如,研究成果多集中于旅游区规划、历史文化和生态文明方面;在研究的区域范围上,存在一定的倾向性,主要选择比较受关注的区域或历史古村镇,对其他地方关注较少。在皖中建筑的研究中,对环巢湖地区的研究所占比例较少,不能覆盖整个地区,而且侧重于居住类建筑的研究。对于民居类的专题研究,研究者们常把环巢湖地区的民居放在皖中甚至更大的安徽区域下,与皖北、皖南等地区的民居一起探讨,并将不同地区的住宅类型进行对比,而忽略了地域文化和地理区位对建筑特征造成的影响。目前对于环巢湖地区中其他建筑类型的专题研究不多,通常是在综合性研究中用较小的篇幅对其建筑形式和文化进行阐述,在现有的研究成果中仍缺乏针对整个环巢湖地区建筑遗存情况及其特征的系统研究。

第1章 环巢湖地区自然历史文化背景

1.1 自然环境

1.1.1 地理位置

康熙年间,政府决定把江南省一分为二,形成江苏省(含今上海市)和安徽省。"安徽"一词是取安庆和徽州两府的首字,由于安徽境内有皖山、皖水,而且安庆以前为皖国,所以安徽简称"皖",并沿用至今。以淮河、长江两大水系作为地理分界线,淮河以北是皖北地区,属于中原文化圈;淮河和长江之间是皖中地区,属于江淮文化圈;长江以南是皖南地区,属于徽州文化圈。巢湖是安徽省内唯一的淡水湖资源,形成了以巢湖为核心的文化圈。(见图1-1)

图1-1 安徽省地域及文化圈示意图

(图片来源:笔者根据《中国传统建筑解析与传承·安徽卷》改绘)

在历史上,巢湖被称为"焦湖",因为远古时期地壳运动,地块下陷储水而形成,周边水系密集,是接通南北两地的水上要道;因为发达的水系,皖中也被称为鱼米之乡。远在三国时期,就有先民在巢湖流域修筑堤坝、建造圩地、发展农耕,随着历代屯更,湖堤不断向内延伸,巢湖流域不断变更。

翁飞先生在《环巢湖文化撷谈》一文中提出了"环巢湖文化圈"的概念,并对"环巢湖"①的地域范围作出了解释。但在目前的学术界中,对"环巢湖地区"的范围还没有清楚明确的定义,不同学者根据自身研究的需要来定义"环巢湖地区"。在本书中,"环巢湖地区"具体指的是《环巢湖国家旅游休闲区规划》中确定的"一湖两城十二镇"②核心区域。(见图1-2)

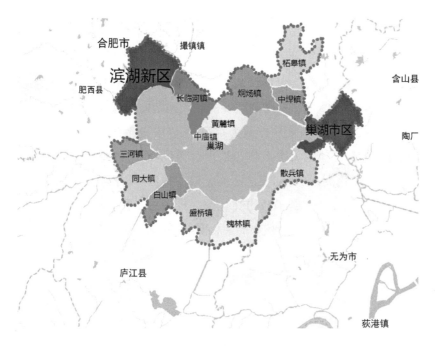

图 1-2 环巢湖地区核心地带

(图片来源:笔者根据《环巢湖国家旅游休闲区规划》改绘)

1.1.2 地貌与气候

环巢湖地区拥有发达的水系,被称为"三百六十汊",汇入巢湖的河流主要分布在环巢湖地区的西南部及西部。境内的地貌主要有山地、丘陵、平原和圩畈。从总体上看,南北两岸的地势高于中间,而南面地势比北面低,东面地势比西面低。四周分布着浮槎山、白马山、

① "环巢湖"的地域范畴,如果按照自然水系来划分,它应该泛指整个巢湖流域;如果按照行政区域划分,它应该包括合肥市、巢湖市两个市全部和六安市一部分(老市区及舒城县),约相当于清代安徽行省治下的庐州府(府治合肥,领合肥、庐江、巢县、舒城四县和无为州)、六安直隶州本州(不含霍山、英山)和和州直隶州(领含山县)的范围。详见:翁飞.环巢湖文化撷谈[C]//张安东.环巢湖研究:第1辑.合肥:中国科学技术大学出版社,2017:6.

② 环巢湖地区的"一湖、两城、十二镇",总面积约2 000平方公里(包括巢湖水面面积),是环巢湖国家旅游休闲区规划的核心区。"一湖"指巢湖,"两城"指滨湖新区与巢湖市区,"十二镇"指长临河镇、中庙镇、黄麓镇、炯炀镇、柘皋镇、中垾镇、散兵镇、槐林镇、三河镇、同大镇、白山镇、盛桥镇。

四顶山、姥山、白山和银屏山等山脉(图 1-3),中间是长江和巢湖冲击而形成的平原和洼地①。

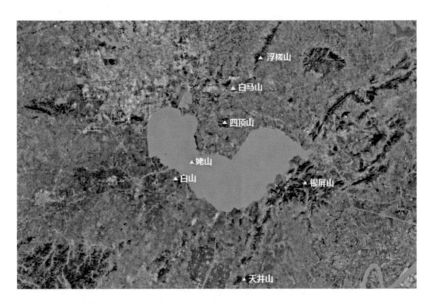

图 1-3　环巢湖地区
主要山脉分布示意图
(图片来源:笔者根据
Google 卫星地图改绘)

　　人们主要选择在平原、洼地等比较平缓的地带建造房屋,地势平缓的地区聚落规模较大,建筑的形态比较规整。受到山地制约的地带,保护耕地,结合地形提高建筑空间的利用率是建筑营造的关键。山地绵延,林木资源比较丰富,在一定程度上影响了人们在建筑材料上的选择。在环巢湖地区中,木材经常被用于建筑的主体结构和维护结构上。

　　环巢湖地区地处夏热冬冷地区和寒冷地区的过渡地带,受亚热带和暖温带过渡性季风气候的影响,环巢湖地区无霜期比较长;夏天炎热,而且多暴雨天气;冬天温度较低。梅雨季节比较显著,连续多年平均降水量超过该地区年降水量 1 000 mm 的等值线。降水天气主要集中在春季和夏季②。

　　气候对建筑形式的产生具有重要影响,通风和防雨是环巢湖地区在建筑营造中需要解决的主要矛盾之一。在建筑的总体布局上需要开敞的空间,而且需要完整的排水系统,此外,对于建筑材料的防水性能也有一定的要求。

---

①　张靖华.九龙攒珠:巢湖北岸移民村落的规划与源流[M].天津:天津大学出版社,2010:7.
②　巢湖文化研究会.巢湖文化全书:历史文化卷[M].北京:东方出版社,2008:1.

1.2 历史人文

1.2.1 历史沿革

地域政区的设立、更替与社会的发展有着紧密的联系,在研究区域文化之前,必须对区域的历史沿革有比较全面的了解。环巢湖地区的历史可以追溯到旧石器时代,作为一个南北过渡地区,这里政权多变,随着朝代和政权的更迭,环巢湖地区的很多地方多次易名,治辖的关系和社会也在不断地发生改变。

1. 先秦时期

1980 年,和县猿人遗址被发掘,证明远在 40 万年前,巢湖流域就有早期智人的足迹。巢县银山智人遗址、放王岗汉墓遗址和新石器时代遗址——凌家滩等遗址陆续被考古学家们发现,证明了巢湖流域是中华文明的发祥地之一。远古时期,为了避猛兽虫蛇,古人发明了巢居,构木为巢,被称为"有巢氏"①,这是环巢湖地区关于早期建筑的记载。有史料表明环巢湖地区有可能是有巢氏生存的地方,他们在这里聚族而居,渐渐发展成部落。根据《通志·氏族略》的记载,夏商时期,有巢氏的后人在庐江地区建立了巢国,子孙"以国为氏"②。

到了夏王朝时期,皋陶氏后裔偃姓部落等氏族被巢湖流域丰富的物产吸引,从北方不断迁入,聚居在巢湖西南方,建立起六国(今六安市区周围),对巢国表示臣服。春秋时期,各路诸侯纷纷建立自己的政权,被称为诸侯国。环巢湖地区恰巧位于吴国和楚国之间,陷入两个诸侯国相互争夺的境地,这里发生了多次战争,后两国百姓随着疆域的扩张迁徙混居。在战国时期,环巢湖地区靠近楚国和越国接壤的地带,楚文化和越文化在这里不断发生碰撞。

2. 秦至宋元时期

在秦统一全国以后,建立了中央集权的封建国家,推行郡县制。巢湖地区属于九江郡,设立了居巢和历阳等郡县。东汉时期,设立居巢县,巢湖北岸属于九江郡,巢湖南岸属于庐江郡。东汉末年,袁术占据淮南,领辖居巢县。这个时期,群雄并起,曹操企图统一中国。他在掌控北方诸侯之后,挥军南下攻吴。环巢湖地区位于魏国和吴

---

① 《庄子·盗跖》中记载:"古者禽兽多而人少,于是民皆巢居以避之。昼拾橡栗,暮栖木上,故命之曰有巢氏之民。"
② 巢湖文化研究会.巢湖文化全书:历史文化卷[M].北京:东方出版社,2008:3.

国接壤的地方,在魏国和吴国争斗的 20 年里,环巢湖地区成为主要战场,至今还留存很多当年的遗迹和地名。

西晋统一南北之后,实行州、郡、县制,巢湖北岸地区被淮南郡管辖,南岸为庐江郡。到了南北朝时期,政权不稳定,划州而治,行政复杂。曾有一段时间,环巢湖地区属于南豫州。

隋朝时期,全国又一次被统一,一直以来的混战终于平息下来,环巢湖地区处于庐州。大业三年(607 年),恢复州刺史分巡制度,罢州为郡,环巢湖地区隶属庐江郡。唐朝时期,恢复州制,州府管理县,为了方便管理,在县州之上设立道。唐朝初期,根据山河的走势,把天下划分为 10 道,在唐玄宗时期,改为 15 道,环巢湖地区隶属淮南道。晚唐时期,战乱频发,历经六七年的争斗,"江淮之间,东西千里扫地尽矣"[①]。

在北宋时期,朝廷析出巢县和庐江县,驻无为军,以军治城。至道三年(997 年),天下重分为 15 路,以路统领州,无为军以及舒城、庐江、和州并属淮南西路。后来,金人多次领军南下,环巢湖地区成为重要战场和交通要道,历阳和巢县成为南宋军民抗金的重要城池。

3. 明清时期

明初,实行三级行政管理体系。因为安徽是朱元璋的故乡,又临近南京,所以被南京直隶,环巢湖地区仍属庐州府。洪武元年(1368 年),梁县并入合肥县,无为县并入无为州。直到明末,合肥、舒城和庐江被庐州府直接管理。

清朝初期,延续明朝管理制度,庐州府管理无为州和庐州。在顺治二年(1645 年)设立了安徽巡抚,庐州府等地改由凤庐巡抚管辖。后来撤去安徽、凤庐巡抚,由漕运总督兼巡抚管辖。顺治十六年(1659 年),重设凤庐巡抚。此时,社会逐渐趋于稳定,经济、文化蓬勃发展。康熙元年(1662 年),重设立安徽巡抚,管辖安庆、徽州等地。康熙六年(1667 年),清政府确定江南左布政使司为"安徽承宣布政使司",安徽省初见雏形。咸丰三年(1853 年),合肥被确定为省会,环巢湖地区隶属庐州府。光绪年间,庐州府与和州改属皖北道。在太平天国占领巢湖期间,在境内设立了庐江郡,管辖庐江县、聚粮县(巢县改)以及无为州等地。

---

① (北宋)司马光.资治通鉴[M].刘瀚超,编译.沈阳:万卷出版公司,2019.

综上可知,环巢湖地区发生过多次战争,形成了居安思危以及重武尚义的文化性格,在建筑上体现为对防御功能的重视,以及对武将精神的崇拜。明朝之前,环巢湖地区的行政建制一直由数个政区分治,并经历了若干次的变更,在一定程度上,当地居民的生活也跟随着治理方式改变。从地域范围来看,府州一级相对稳定,如庐州府,稳定的社会有助于经济的发展和技术的交流,逐渐形成了独特的地域文化,建筑的营造技术也得到了相应的发展,而且具有稳定性和延续性。

1.2.2 人文环境

1. 儒道交织

儒家文化起源于齐鲁大地,早期主要在黄河流域传播。春秋时期,孔子周游讲学,南下之时经过橐皋(今柘皋),曾开坛讲学,闻讯而来的弟子络绎不绝。孔子在巢湖流域留下"听书港""晒书墩"等遗迹,也留下了广为传颂的故事,儒家文化开始在巢湖流域传播。在两汉时期,朝廷推崇儒学,兴办了很多官学,郡县官员把开办学校放在工作首位。魏晋南北朝时期,虽然社会动荡,官学衰败,但很多名儒在乡间设立私塾,传递文化。隋唐时期,推行科举制度,在此后的上千年封建社会历史里,儒学成为科举考试的重中之重,奠定了儒学文化在全国的主导地位。清朝时期,"桐城派"在皖中安庆兴盛,虽然他们反对八股文文风,但尊崇儒学思想和人文精神,并补注论语。在封建社会里,环巢湖地区深受儒家文化的影响。

道家起源于涡淮流域,道家学派的先驱者老子是安徽涡阳人。后来,道家学派由庄子继承并发展。唐朝时期,与道家学派紧密相连的道教在安徽境内的齐云山发端。南宋以后,道教在齐云山的活动愈来愈频繁,并在齐云山上建立道观,为真武造像。明朝时期,道教达到鼎盛时期。嘉靖和万历年间,天师张彦𫖳真人祖孙三代奉旨从江西赴齐云山建醮祈祷、完善道规、修建道院。在朝廷的大力推举下,齐云山道教日益兴盛。在鼎盛时期,"香客日达三千以上"[①]。随着道教的发展,道家思想也得到了广泛传播,并随移民从徽州进入环巢湖地区。

思想文化作为一种特殊的意识形态,在各方面影响着人们的生

---

① 安徽省齐云山志编纂委员会.齐云山志[M].合肥:黄山书社,2011:153.

活,也影响着建筑的营造和发展。儒家文化在某种程度上规定了建筑的形制,使聚落和建筑按照一定的规律营造和发展。在环巢湖地区中,传统建筑的选址、材料和装饰等方面也受到了道家思想的影响。

2. 移民融合

与中国的历史一样,中国的移民史非常漫长。由于地理位置的独特性,移民浪潮一直影响着环巢湖地区。先秦时期(公元前 221 年前),在环巢湖地区发生过数不尽的战争。在春秋中叶,随着楚国势力的扩张以及吴国势力的不断强大,两国对环巢湖地区的争夺陷入胶着,经历了长达数百年的战争。在这个过程中,两国人民随着国家疆域的变化不断搬迁,文化也随着当地居民的交流而不断融合渗透。

三国时期,北方战乱愈演愈烈,而且自然灾害频发,长江流域相对平稳,大批北方人南迁避难。在全国重新统一之后,移民回归的数量不多。在西晋至南朝长达一个世纪的时间里,移民不断地从北方向长江流域迁徙。在这个过程中,我国的经济重心不断南移,北方的文化加速传播到长江流域。

唐朝时期,人民生活安稳,人们的交流更加频繁。安史之乱爆发后,可以让人们避难的地方不止一处,但人们还是以南迁为主。为躲避战乱,人们开始向南迁移,北方的移民纷纷涌入江淮地区,这是我国历史上第二次北方人民南迁浪潮的开始。后来,战争扩大到江淮境内,为了躲避严苛的赋税,江淮地区的一些人继续向南迁徙。晚唐时期,江淮地区被战火殃及,十室九空。

宋朝建立后,社会安稳,朝廷在巢湖地区驻无为军,经济和文化逐渐恢复,南北的人们互通往来。靖康元年(1126 年),金军挥兵攻至黄河北岸,宋徽宗率领亲信宗室南下江淮躲避,中原地区的居民也纷纷南迁躲避战乱,部分移民留居在江淮地区,不再返回原籍。靖康之变,宋徽、钦帝被俘之后,皇家宗室转移到江宁、镇江和扬州,黄河流域的士大夫、百姓举家南迁,部分移民进入江淮地区。这是我国移民史上第三次大规模的移民南迁,这场移民大浪潮持续了大约 150 年。

宋元之际,江淮地区动荡不安,民生凋敝,土地荒芜。明洪武初年,在朱元璋的主导下,约两万余人迁入江淮地区。为了更好地垦荒,在洪武七年(1374 年),朱元璋策划了一次更大规模的移民,移民人数多达 14 万,到了明洪武二十六年(1393 年),淮河两岸的移民已经接近 48.8 万人,江淮地区也成了一个典型的人口重建式移民区。庐州一带的移民也特别活跃,据统计,明朝初期,一共迁入了 41 个氏族。这些氏族主要来自江西、徽州、宁国和句容,部分来自安庆和北方。来自江西的移民占同时代移民总数的四分之一,徽州移民略多于江西移民。其中,宁国府的移民主要来自皖南地区的泾县,也可看作徽州移民的外沿部分①。

作为文化最活跃的载体,成千上万的移民在文化的流动和传播方面发挥了巨大的作用。一些学术文化、技术文化、制度文化、艺术文化、民俗文化和宗教文化通过移民广泛传播。在移民融合的地区,各种不同的文化也在混合交融,形成独特的文化体系,移民文化具有一定的包容性,能较快地接纳外来文化并为自己所用。

3. 宗教文化

环巢湖地区的宗教以佛教为主,在早年间,就建有佛教庙宇——中庙。据记载,东晋时期,僧人释宝云在取经归来之后,曾与六名高僧在巢湖流域传播佛学。在南北朝时期,梁昭明太子萧统曾到巢湖流域拜谒释宝云和六名高僧的骨灰,并宣扬佛学。清雍正后期,环巢湖地区的佛教慢慢没落。在新中国成立后,佛教文化和活动基本恢复了,很多佛教寺庙得到了保护。到 21 世纪初,环巢湖地区约有 200 座寺庙被政府的宗教部门审批通过,受到了良好的保护,而且部分庙宇被列入了文物保护单位。

道教是环巢湖地区中另一个比较重要的教派。相传在夏商时期,彭祖在安徽含山县修炼成道,此后,道教在巢湖流域上盛行起来。据县志记载,在环巢湖地区曾建有观、宫、殿和庙一共 109 个。环巢湖地区有很多宫、观、庙和洞,比如城隍庙、西大庙、后天宫。

天主教是清光绪年间传入环巢湖地区并逐渐开始发展的。西方传教士在原巢县建立了教会、修道院、育婴院等建筑,现在遗留下来的只有两处,天主教堂位于巢湖市二中,现被改为食堂;另一处是普仁医院旧址,位于巢湖的量具厂小区内。新中国成立以后,政府对从事非法活动的西方传教士进行驱逐和遣返,后来,为落实党关于宗教的政策,环巢湖地区陆续开始加盖教堂,恢复正常的教会活动。

在环巢湖地区的传统建筑中,存在多种教派的建筑。该地区的宗教信仰是呈多元化的,多种宗教共同发展,曾有佛教和道教共处一个寺中的现象,这体现了环巢湖地区包容的文化性格。

---

① 曹树基. 中国移民史 第 5 卷 明时期[M]. 福州:福建人民出版社,1997:73-79.

第2章　环巢湖地区建筑遗存概况

2.1　建筑分布

依据已发布的《合肥市各级文物保护单位一览表》，对环巢湖核心区已列入各级文物保护名目的历史建筑共统计出54处，其中包括全国重点文物保护单位（国保）2处，省级文物保护单位（省保）11处，市级文物保护单位（市保）14处，县（区）级文物保护单位（县保）27处，从级别、年代、类型和区位等角度对其进行分析归类，详见表2-1。

表2-1　环巢湖核心地区历史建筑名录

级别	名称	年代	类型	现辖地区	备注
国保	张治中故居	民国	民居建筑	巢湖黄麓镇	
	冯玉祥旧居	民国	民居建筑	巢湖夏阁镇	
省保	烔炀李氏当铺	清	商业建筑	烔炀老街	
	柘皋李氏当铺	清	商业建筑	柘皋老街	
	刘同兴隆庄	清	商业建筑	肥西三河镇	
	中庙	清	祠庙建筑	巢湖中庙镇	
	大孔祠堂	清	祠庙建筑	合肥包河区	
	杨振宁旧居	清	民居建筑	肥西三河镇	
	吴氏旧居	清	民居建筑	肥东长临河镇	
	郑善甫故居	民国	民居建筑	肥西三河镇	
	李家大院	民国	民居建筑	巢湖市	
	李克农故居	民国	民居建筑	巢湖烔炀镇	
	普仁医院旧址	民国	其他	巢湖市	
市保	吴育仁故居	清	民居建筑	肥东长临河镇	
	吴球贞故居	清	民居建筑	肥东长临河镇	
	吴谦贞故居	清	民居建筑	肥东长临河镇	
	吴家花园	清	民居建筑	肥东长临河镇	
	吴毓芬、吴毓兰住宅（百年邮电）	清	民居建筑	肥东长临河镇	
	董氏宗祠	清	民居建筑	肥西丰乐镇	

级别	名称	年代	类型	现辖地区	备注
市保	李文安公专祠	清	民居建筑	巢湖中庙镇	
	昭忠祠	清	祠庙建筑	巢湖中庙镇	
	唐氏住宅	民国	民居建筑	合肥滨湖新区	
	卫立煌故居	民国	民居建筑	合肥滨湖新区	
	宋世科住宅	民国	民居建筑	合肥滨湖新区	
	天主教堂	民国	其他	巢湖市	
	蔡永祥纪念馆	近现代	其他	肥东长临河镇	
	鲁彦周故居	近现代	民居建筑	巢湖庙岗镇	
县保	南圣宫(岱山寺)	明	祠庙建筑	巢湖市	
	白云庵	明	祠庙建筑	庐江县	
	夫子庙	清	祠庙建筑	巢湖市	
	三河城隍庙	民国	祠庙建筑	肥西三河镇	
	南河徐将军庙	民国	祠庙建筑	庐江同大镇	
	胡氏宗祠	清	民居建筑	庐江同大镇	
	何氏宗祠	清	民居建筑	肥东桥头集镇	
	夏氏宗祠	清	民居建筑	肥东桥头集镇	
	汪氏旧宅	清	民居建筑	肥西丰乐镇	
	秉璋故居	清	民居建筑	肥西三河镇	
	陈有记旧宅	清	民居建筑	肥西三河镇	损毁严重
	刘同兴老宅(刘同兴隆庄)	清	民居建筑	肥西三河镇	
	英王府(三河大捷指挥部旧址)	清	民居建筑	肥西三河镇	
	中和祥老字号(仙姑楼)	清	商业建筑	肥西三河镇	
	李府义恒粮仓	清	商业建筑	肥西三河镇	
	同昌米行和大德昌药店	清	商业建筑	肥西三河镇	
	罗化堂酱园	清	商业建筑	肥西三河镇	
	新华楼茶馆	清	商业建筑	肥西三河镇	危房
	方泰来布店	清	商业建筑	肥西三河镇	
	正大盐行	清	商业建筑	肥西三河镇	
	旌德会馆	清	商业建筑	肥西三河镇	
	森园酱坊	清	商业建筑	肥西三河镇	
	亿诚布店	清	商业建筑	肥西三河镇	
	王记钱庄	清	商业建筑	肥西三河镇	损毁严重
	朱氏旧宅	民国	民居建筑	肥西三河镇	
	原巢县县委办公旧址	近现代	其他	巢湖市	
	原组织部宣传部办公旧址	近现代	其他	巢湖市	

注:表格统计未纳入古墓葬、古遗址、洞窟石刻、古塔及古桥等历史建筑。

（1）环巢湖核心地区现存的历史建筑主要分布在合肥滨湖地区、肥东长临河镇、肥西三河镇和巢湖市，详见图2-1；与巢湖南岸相比，巢湖北岸的传统建筑数量较多且分布不集中。

（2）从建造年代上来说，主要是清朝和民国的建筑，清代建筑有35处，约占总数的64.81%，民国建筑共13处，约占总数的24.07%，其他年代建筑有6处，约占总数的11.12%（图2-2）。

图2-1　环巢湖核心地区历史建筑分布现状图

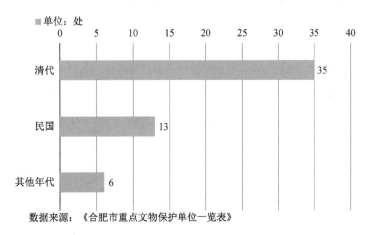

环巢湖核心地区历史建筑年代数量统计图

数据来源：《合肥市重点文物保护单位一览表》

图2-2　环巢湖核心地区历史建筑年代统计图

（3）传统建筑使用功能不同，可以分为民居建筑、商业建筑、祠庙建筑和其他建筑，其中，民居包括生活性建筑和祭祀性建筑。

环巢湖地区历史悠久，拥有丰富的传统建筑遗产。但在实际调研中发现，多处建筑只遗存很小的一部分或者多次被征用改造，已经不复原样；部分建筑地址信息模糊，难觅踪迹。近几年又遇疫情和洪水,部分建筑遭受了损毁,正在修缮。在诸多因素影响下,结果也许存在误差,希望日后能有机会进行补充。

2.2 建筑分类

环巢湖地区的建筑遗存主要分布在肥东、巢湖和肥西,合肥和庐江数量较少。根据建筑的使用功能,可以划分为民居建筑、商业建筑、祠庙建筑和其他建筑。其中,民居建筑占总数的比例较大,另有 2 处天主教建筑,因数量少本书未单独分类。

2.2.1 民居建筑

民居建筑在漫长的历史进程中与人们的日常息息相关,通常属于一个宗族或家族,是进行宗族活动和日常起居生活的场所,它们在一定程度上反映了一个地区的人文和社会习惯。在环巢湖地区的建筑遗存中,民居建筑又可以分为住宅和家族祠堂两种。

受当地民风民俗等文化的影响,分布在合肥、肥东、巢湖、肥西各地的住宅也存在一些差异,合肥和巢湖两地的主要是革命将领的故居,肥东地区的多是淮军将领的故居,肥西住宅存量最多的三河镇是商业重镇,多是商人的宅院,也有部分是晚清官员的旧居。住宅的基本平面类型有"口"字形和"日"字形,此外,还存在由基本平面类型串联或并联组合而成的混合型。其中,"口"字形有 3 处,"日"字形有 4 处,混合型有 13 处。建筑以单路多进布局为主,也存在部分多路多进建筑,如三路二进院的卫立煌故居、二路二进院的吴家花园等。

建筑的单元空间主要有厅堂、厢房和天井,部分民国时期的建筑中存在炮楼。建筑形制基本遵循传统的礼法,厅为正,厢房次之。厅堂通常位于轴线上,其规模最大、屋脊最高、装饰最丰富,是建筑群体中等级最高的部分。厅堂的面阔主要是三开间和五开间,存在少量民国时期建造的面阔为七开间的建筑,其中,面阔五开间的建筑多是淮军将领和官员的住宅。厢房通常位于轴线两侧,面阔以三开间为主,在规模、高度和装饰等方面比厅堂的等级略低。建筑的结构为抬梁穿斗混合式或穿斗式;屋顶多为硬山顶,存在部分悬山顶;屋脊中间有脊饰,图案主要是花瓣;建筑内部的装饰比较简单,以雕刻为主。

民居中除了住宅之外,还有一些举办家族祭祀、聚会、议事等活动的祠堂,这些建筑往往是一个宗族聚落的核心,其等级比一般的住

宅要高,体量也会更大一些。环巢湖地区的这些祠堂平面类型有
"日"字形和"门"字形,建筑面阔以五开间为主。祭祀场地多位于建
筑群的轴线上,轴线两边配置偏殿或厢房。建筑的屋顶以硬山顶为
主,重要的单体建筑中也存在歇山顶。由于祠堂占地面积较大,所以
天井和内院的尺度比住宅大。结构主要是抬梁穿斗式混合结构,也
出现了抬梁式结构。装饰比住宅更丰富,梁架上雕刻精美,屋脊上通
常用脊兽和鸱吻装饰。

2.2.2 商业建筑

环巢湖地区历史上有多处较为重要的商业集镇,如巢湖的柘皋
镇、炯炀镇,肥东的长临河镇,肥西的三河镇等,其中,三河镇保存得
尤为完好。建筑基本平面形式与民居建筑相似,以"口"字形、"日"字
形和混合形为主,也存在没有天井(内院)的"一"字形平面;面阔多是
三开间;结构以抬梁穿斗混合式和穿斗式为主;屋顶主要是双坡硬山
顶。部分商业建筑沿街面不砌砖墙,用连排的木制板做可移动式围
合,便于调整商业入口的大小。一些两层结构的建筑,在临街面上第
二层突出于第一层,形成临街檐廊。建筑外墙面开窗面积较小,装饰
与民居建筑类似,使用雕刻、马头墙等元素。

这些集镇上的商业建筑从功能复合度上看,可以分为两种:一种
是单一商业属性,建筑主体以商业功能为主,虽然部分建筑中存在可
供守职人员休息的卧室,但没有一个完整的家庭在建筑中进行持续
的日常生活,这类建筑以大家族的商号为主,例如李鸿章当铺、会馆
等;一种是商业加居住的混合模式,其在商业建筑类遗存中所占数量
最多,比例较大,如刘同兴隆庄、同昌米行和大德昌药店等。此类模
式尤在三河镇较为集中突出,可有三种模式:①建筑入口基本与街巷
垂直,临街面是商业空间,后面是居住空间,使狭长的基地空间利用
最大化;②建筑为两层楼房,入口门位于临街面,一层用于商业、加工
和仓储,二层用于居住;③以姓氏划分宅基地,家族的宅基地相对较
大,往往把临街中间部分的房屋用于商业,两侧则用于储藏和居住。

2.2.3 祠庙建筑

祠庙建筑主要是用于祭祀先贤人物或供奉神灵,具有一定的精
神象征,在不同的地域之间存在一定的差异。从布局上看,环巢湖地
区的祠庙建筑主要是纵向轴线对称的院落式布局,最重要的大殿等

单体建筑沿轴线布置,偏殿置于轴线两侧,平面类型以"口"字形和"日"字形为主。由于祠庙建筑人流众多,而且经常举行民俗活动,需要比较开阔的人员集散空间,与其他类型建筑相比而言,有过渡空间作用的院落使用频率更高,院落的尺度也比其他类型建筑的更大。为了营造庄严肃穆的气氛,中轴线往往配合高差变化以凸显主要建筑,大殿通常建于高台之上,占据中轴线高程最高的位置;轴线末端常建有高为三层的藏经楼。在整组建筑中,轴线上的建筑面阔多为五开间或七开间,进深可达七檩或九檩,正贴使用抬梁穿斗混合式结构,屋顶多为歇山顶,并配以脊兽和宝顶葫芦装饰,配殿的屋顶则多用硬山顶。与其他类型建筑外墙裸露的原材料不同,祠庙建筑大都将外墙粉刷成红色或黄色,建筑入口门的装饰比较精美,门罩或门头上有砖雕和飞檐,在装饰题材上也会选择一些反映祠庙文化的元素。

2.3 传统建筑重要案例

在前文分类基础上,本节记录了环巢湖地区重要历史建筑的历史沿革、平面布局、梁架结构、立面样式和装饰装修等五个方面的基础信息。

2.3.1 革命将领故居

（1）卫立煌故居

卫立煌在合肥长大,是著名的抗日爱国将领,在抗战期间战绩斐然,因打通中印公路而名扬四海。卫立煌故居（图 2-3）建于民国时期,现存建筑为三路三进两院的布局,坐北朝南,占地面积约 685 m²。每一路建筑均面阔三开间,西路依次布置的是门厅、堂屋和厢屋,中路是门厅、辅助用房,东路是门厅、辅助用房和炮楼,门厅的地势略低;建筑主体高一层,炮楼高三层;第一进院落用院墙隔开,西路和中路建筑共用第二进天井,天井四周环绕穿廊。建筑是砖木结构,主体建筑木结构的正贴是穿斗抬梁混合式,边贴是穿斗式。屋顶为双坡硬山顶,用蝴蝶瓦合瓦铺设。建筑立面构图对称,入口门内凹,外墙开窗面积较小,窗户有内外两层,外层不可开启,窗户上方用青砖叠涩形成弧形的窗楣装饰。

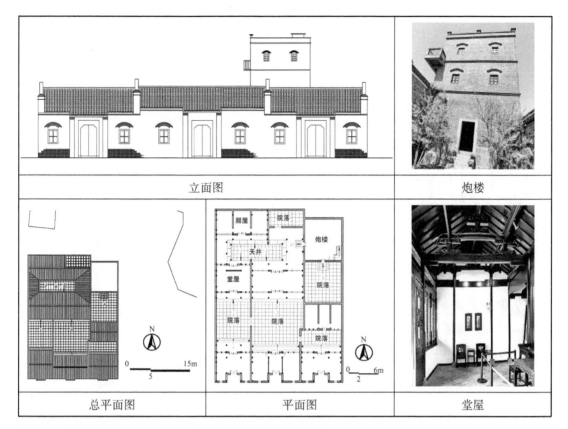

立面图	炮楼
总平面图	平面图	堂屋

图 2-3 卫立煌故居

（2）宋世科住宅

宋世科住宅又称宋氏旧居（图 2-4），建于 1931 年，与卫立煌故居相隔不远，也是环巢湖地区为数不多的中西混合建筑群。组群内建筑多为东西朝向，总占地面积大约 1 200 m²，保留的建筑有正厅、洋楼、教室、厨房、炮楼等，形制并不统一。中路正厅面阔三开间，正贴是抬梁穿斗混合式结构，边贴是穿斗式结构，台基由青石板垒成，高约 0.5 m；主入口门包裹了一层铁皮，显得威严庄重，门框是石质的，雕刻着装饰的线条；外墙下碱由石材砌成，有砖砌一顺一丁式实墙和一眠三斗的空斗墙两种做法，上身开双层窗，窗户内层是玻璃窗扇，外层不可开启；砖檐处有多层线脚，粉刷了白色抹灰；屋顶以青瓦硬山顶为主，檐口用滴水瓦和花边檐口瓦装饰。炮楼位于中轴偏西北处，利于观察周围环境。此外，在中路中心位置有中西混合式样的洋房一幢，四面有柱廊环绕，为砖木混合结构，屋顶模仿了中式传统的歇山屋顶式样。

（3）张治中故居

张治中故居（图 2-5）位于巢湖黄麓镇，建于一处较缓的坡地，布局分两路，由旧居及黄麓师范学校旧址两部分通过院落并列联系。旧

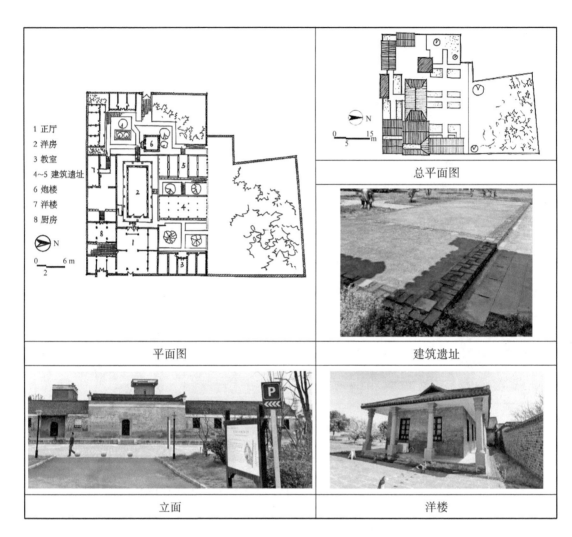

1 正厅	
2 洋房	
3 教室	
4~5 建筑遗址	
6 炮楼	
7 洋楼	
8 厨房	

平面图	建筑遗址
	总平面图
立面	洋楼

居建筑坐西朝东,占地面积约为 320 m², 于民国时期建造,是一座传统的江淮民居。沿轴线分别布置了"下厅—天井—堂屋—天井—上厅—院落",两侧分别是厨房、会客室、书房和卧室。黄麓师范学校旧址现在是张治中生平事迹展览馆,是一路连续的建筑,建筑中有一个小天井。两路建筑靠中间的院落与第一进的厨房连接起来,在天井和院落中利用台阶处理基地的高差。两路建筑明间设入口,门与道路并无平行或垂直关系,而是存在 30° 的偏转,这也是当地民居修建的典型做法。门框侧面上方刷白色抹灰,雕刻"福"字和线条装饰;建筑内部使用隔扇门,条形格子式样格心;院门有装饰的门头。外墙为全砖实墙,开窗,窗户有两层,内层向室内开启,外层是焊紧的深赭色铁制窗框,窗户上方用弧形窗楣装饰。旧居建筑是砖木混合结构,木构部分采用穿斗式,硬山青瓦合瓦屋顶,屋脊两端微微翘起,中间是瓦片拼合而成的花朵,檐口用白色抹灰覆盖瓦垄。

图 2-4 宋世科住宅

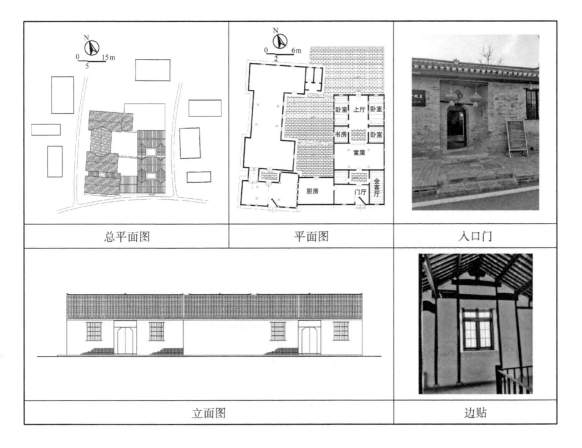

| 总平面图 | 平面图 | 入口门 |

| 立面图 | 边贴 |

图 2-5 张治中故居

（4）李克农故居

李克农故居（图 2-6）位于巢湖市炯炀镇。建筑坐北朝南，面积大约为 150 m^2，是一处"口"字形的传统民居。建筑第一进是门厅，穿过门厅是长宽比为 1：1 的天井，两侧是厨房和厢房；第二进是上厅，两侧是卧室。建筑是砖木结构，第一进正贴木结构为抬梁穿斗式，梁上雕刻了卷草纹；其余的梁架是穿斗式；柱子修长，柱础为方形石块，上面雕刻了简单的几何线条。基础由卵石垒成，高大约为 0.6 m。外檐墙是一眠三斗空斗墙，转角处砌实墙；山墙面下碱为实墙，上身为空斗墙。入口位于第一进明间，与外墙齐平；左右各开一个窗户，窗户是传统槛窗，格心为方形格子，绦环板上雕刻了几何线条；上方设有拱形窗楣做装饰，下方窗台突出，使立面更加丰富。上厅的门是隔扇门，格心为方形格子，绦环板雕刻了植物纹样。屋顶是悬山式，屋面铺设蝴蝶瓦，檐口用滴水瓦和花边檐口瓦装饰；屋脊由整齐的瓦片排列而成，并做鹊尾式起翘。

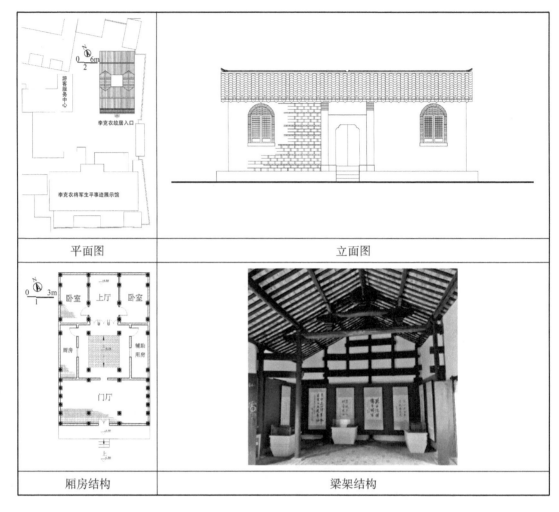

平面图	立面图
厢房结构	梁架结构

图 2-6　李克农故居

2.3.2　晚清官员故居

（1）刘秉璋故居（鹤庐）

刘秉璋故居（图 2-7）又称"鹤庐"，取"闲云野鹤"之意，是晚清时期淮军名将刘秉璋的宅院。建筑位于三河古镇南街，现存建筑三进，面阔三间。建筑入口位于第一进的明间，穿过第一进，是一个长宽比大约为 1∶1 的天井。如今环绕天井的是介绍刘秉璋生平事迹的敞廊，天井两侧原来为厢房，为了使空间更适合展出，便把厢房的内墙拆除了。第二进过厅之后是长宽比约为 2∶1 的一处院子。第三进主屋背后还有一个狭长的院落。建筑边贴的木结构是穿斗式，正贴木结构是抬梁穿斗混合式。柱子纤细修长，梁架呈深赭色，柱础有圆形和方形，材料为石材。屋顶是硬山顶，山墙面为鹊尾式马头墙。屋顶用青灰色的蝴蝶瓦铺设，檐口用滴水瓦和花边檐口瓦装饰。屋脊中间是瓦片拼成的花朵,起到装饰的作用。建筑外墙面为青砖顺砌实墙,嵌有拴马石。入口门有字匾门头,字匾周围雕刻了几何线条;门扇所用材料为木材,呈深赭色;建筑内部皆是传统的隔扇门,门的格心有曲线装饰,绦环板雕刻了植物图案。建筑外墙不开窗,内部做传统槛窗,装饰与隔扇门相似。

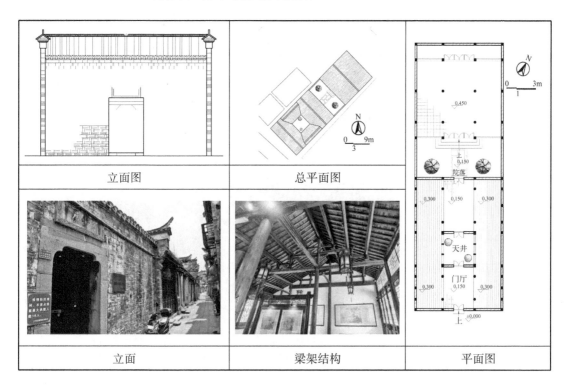

立面图	总平面图	平面图
立面	梁架结构	

图 2-7 刘秉璋故居

（2）六家畈古民居群

六家畈位于肥东县长临河镇,南宋时期,吴氏一族从徽州搬迁到此。清朝时期,此地人丁兴旺,曾走出 18 位淮军将领。现存的清朝民居群主要有 3 处,分别为吴球贞故居、吴育仁故居以及吴谦贞故居,共一百多间房屋。

① 吴谦贞故居

吴谦贞是淮军将领,光绪二十年(1894 年)告老还乡,在家乡肥东六家畈兴建住宅。建筑(图 2-8)坐北朝南,现存共有三进,面阔五开间。建筑入口两侧为厢房,没有门厅。穿过院落到达中厅,中厅的两侧为厢房,第三进与第二进布局一致。建筑为砖木结构,边贴是穿斗式结构,正贴是抬梁穿斗混合式结构。梁枋无装饰,柱础方形,上有雕刻。青砖墙体,墙体下碱为实墙,上身为空斗墙;砖檐处用青砖旋转角度堆叠形成线脚。屋顶为硬山双坡顶,合瓦屋面,檐口用花边檐瓦和滴水瓦装饰。屋脊用瓦立放排列而成,两端起翘,屋脊中间有瓦片拼合的花瓣或铜钱图案装饰。入口门是木门,院内门是传统的隔扇门,格心有梅花装饰,绦环板有雕刻。院内窗户为传统槛窗,装饰与隔扇门相同。

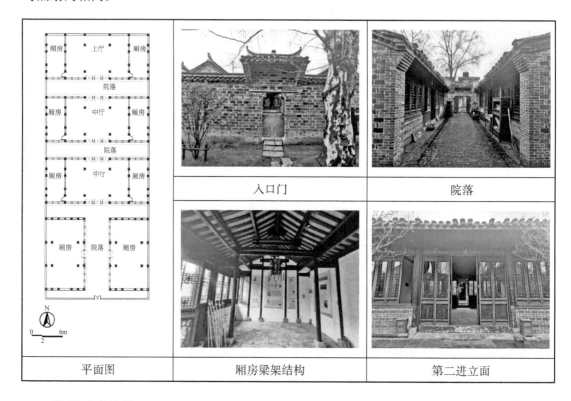

平面图	厢房梁架结构	第二进立面
	入口门	院落

② 吴球贞故居

图 2-8　吴谦贞故居

吴球贞同治年间跟随吴毓芬(后文吴家花园的主人)加入淮军,作战英勇,被提拔军功历保行营千总,尽先补用都司,后升直隶山永协中军都司、宣化城守营都司等职,诰授武显将军。他的旧宅(图 2-9)整体占地不大,坐北朝南,沿中轴对称布局。建筑一共三进,面阔三间,厅堂两侧为厢房;砖木混合结构,边贴是穿斗式结构,正贴是抬梁穿斗式结构;外墙呈青灰色,下碱为一顺一丁实墙,上身为七斗一眠空斗墙,院内墙是青灰色花滚墙,内墙和外墙的材料都是清水砖;建筑屋顶为青瓦硬山顶,檐口有滴水瓦和瓦当装饰,屋脊起翘,正中间用瓦片做花瓣图案装饰。入口门比较简单,没有门头装饰;宅院内部是传统的隔扇门和槛窗,风格朴素。

③ 吴育仁故居

吴育仁是淮军将领,曾在甲午战争中勇立战功,光绪二十四年(1898 年)病逝,授建威将军(正一品)。吴育仁故居(图 2-10)坐北朝

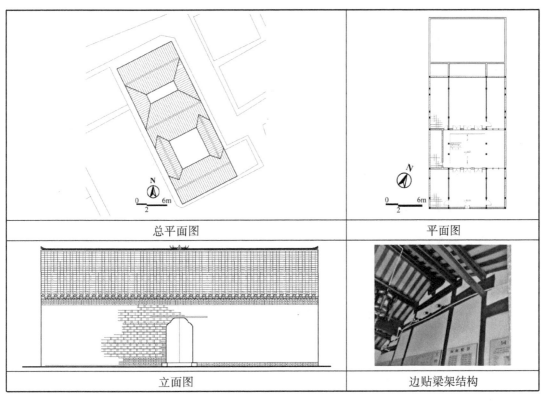

总平面图	平面图
立面图	边贴梁架结构

图 2-9　吴球贞故居

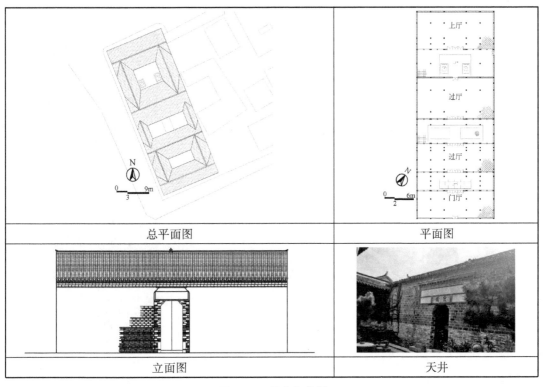

总平面图	平面图
立面图	天井

图 2-10　吴育仁故居

南,平面布局中轴对称。建筑面阔五间,三进天井(内院)。建筑边贴的结构形式为穿斗式,正贴的结构形式为抬梁穿斗混合式。梁枋上有雕刻装饰,颜色为深赭色。建筑是硬山青瓦顶,檐口用滴水瓦和瓦当装饰,屋脊鹊尾式起翘,正中花瓣样式,起到美化建筑轮廓线的效果。建筑墙体材料为青灰色清水砖,外墙体下碱为多层眠砖实墙,上身是五斗一眠空斗墙体,内院墙由墙基至墙顶采用由实墙到空斗墙的砌筑方式,屋内用木隔板划分空间。外墙有横向线脚装饰。建筑入口门为简化的商字门样式,门扇为红色木门。建筑内部都是红色隔扇门,窗户是方形槛窗。

(3)吴家花园

吴家花园(图 2-11)是淮军将领吴毓芬、吴毓兰兄弟的宅邸。建筑群坐北朝南,占地面积约为 1 200 m²,由两路建筑利用甬道并联而成。每路建筑面阔五开间,现存三进两院,东路建筑最后一进是共享的院落。西路建筑第三进是两层阁楼,其余为一层。建筑是砖木混合结构,建筑正贴梁架结构为抬梁式穿斗混合式,梁枋上有精美的雕刻,边贴是穿斗式结构。建筑屋顶为青瓦硬山顶,屋面合瓦铺设,檐口用滴水瓦装饰;正脊上立瓦排列,中间用花瓣图案装饰;东路建筑

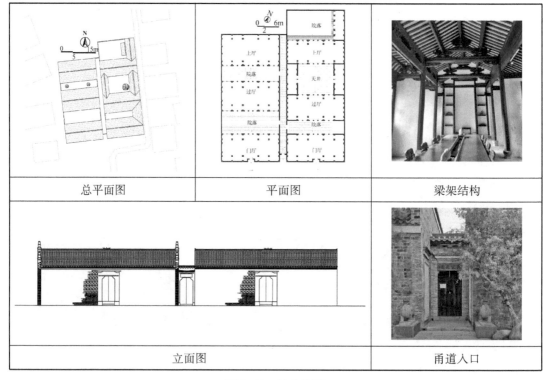

总平面图	平面图	梁架结构
立面图		甬道入口

图 2-11 吴家花园

屋脊两端微翘,西路建筑屋脊两端用马头墙封脊。建筑外檐墙的下碱是实墙,上身是三斗一眠空斗墙。两路建筑由甬道侧向相连并朝向院落开门,门向内凹,上有门罩装饰。

(4)吴毓芬、吴毓兰住宅(百年邮电)

百年邮电(图2-12)是吴毓芬、吴毓兰兄弟的另一处宅邸,于清代建成,位于长临河古镇东街,民国初年被改为邮政局。建筑占地面积约300 m²,是一组两进院落的江淮民居。建筑入口门位于临街面明间,为内凹式。穿过第一进门厅是一个天井,天井长宽比大约是1∶1;青砖铺地,中间有一棵白玉兰,据传是李鸿章所赐,已有百余年的历史;后面是过厅,现在用于展览。过厅往后是第二进天井,辅助用房布置在天井两侧。建筑外墙下碱是实墙,上身是空斗墙。台基由石材砌筑,建筑室内用青砖铺地。建筑为砖木结构,正贴梁架结构是抬梁穿斗混合式,边贴是穿斗式结构。柱子纤细、修长,呈深赭色,柱础为圆形。屋顶为青瓦硬山顶,屋脊用瓦片整齐排列,中间用瓦片制作的花朵图案装饰;檐口用扇形封面并抹灰,砖檐处有线脚。山墙面是鹊尾式马头墙。院内门窗是普通样式,门和窗上方分别用拱形的门楣、窗楣装饰。

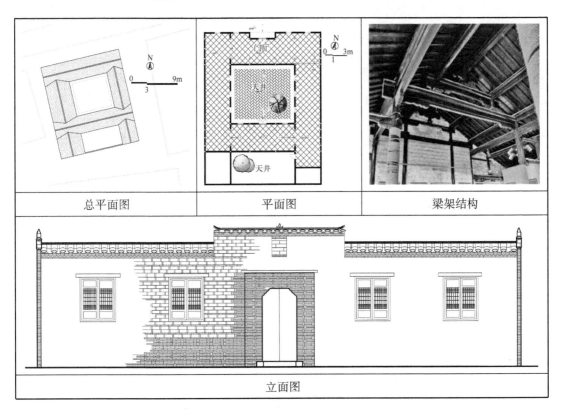

| 总平面图 | 平面图 | 梁架结构 |

| 立面图 |

图2-12 百年邮电

2.3.3 其他旧居

（1）吴氏旧居

吴氏旧居（图2-13）是我国著名的测绘专家吴忠性早年居住过的住所，他不仅撰写了多本著作，而且为国家培养了大量专业人才。吴忠性早年丧父，小时候寄养在外祖父家，直到七八岁时，他的母亲在肥东长临河买了房子，此后他一直居住在长临河。2019年3月，吴氏旧居被公布为省级重点文物保护单位。建筑坐南朝北，面积大约是177 m^2。临街面明间是下厅，为建筑入口；穿过下厅是一处方形天井，长宽比约为1：1.2，后接过厅，过厅连接侧厢；过厅后侧由院落连接二层小楼，于2012年修复而成（图2-14）。主体建筑的屋顶是悬山顶，

图2-13 吴氏旧居

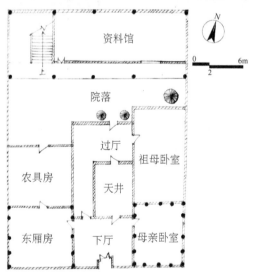

图2-14 吴氏旧居平面图

用青瓦铺设;檐口以扇形封面,表面为白色抹灰;屋脊用立瓦整齐排列,两端微翘。入口门朝东扭转了约30°,避免直面道路。建筑墙身下碱是实墙,上身是一眠三斗空斗墙,外墙未开窗。建筑台基用料为石材,天井和院落都是以青砖铺地。

（2）唐氏住宅（唐大楼）

晚清时期,唐氏三兄弟经商颇有成就,后回合肥置地建房,称"唐式住宅",也称"唐大楼"。唐氏住宅建于1928年,位于巢湖南路和上海路的交口处,是合肥市市级文物保护单位。建筑群面向西南,原有建筑规模约2 000 m²,现存一组三进两院落式住宅(图2-15)。原来的建筑群中,右侧有三层炮楼和花园。内墙用墨线勾勒花纹,装饰有西式建筑风格。渡江战役时,唐大楼曾作为中央政治部的工作处和战役后方医院;1952年,又成为"淝河小学"的校舍。唐大楼如今外墙斑驳,内部结构已经损毁。建筑外墙下碱为实墙,上身为一眠三斗式空斗墙,有粉刷的痕迹。入口门向内凹,左右各开三个窗,窗户上有弧形窗楣装饰。正门两边有拴马石,门上部分花纹和图案依稀可见。建筑外墙砖檐处有曲线相连接而成的线脚。

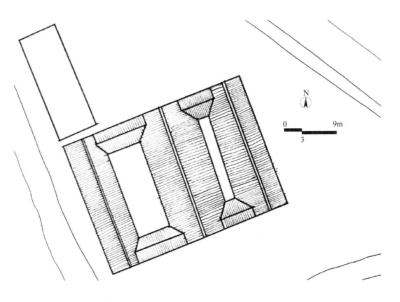

图2-15　唐大楼总平面图

（3）李家大院

李家大院(图2-16)位于巢湖市西坝口。建筑进深约53 m,面宽约28 m,是由一栋三层碉堡式的炮楼和一组三进式的宅院并联构成,建筑入口位于巷道,巷道贯穿整个建筑。台基是用石材建造而成;墙身下碱是顺砌实墙,上身是一眠三斗空斗墙;屋顶是青瓦硬山顶,檐口以扇形面覆盖瓦垄,连接成曲线,并在表面粉刷白色抹灰。屋脊两端做鹊尾式起翘,中间用花瓣图案装饰,增加了屋顶的灵动性。炮楼外墙开窗,窗户由两层构成,内层是普通的平开窗,向室内开启,外层是焊紧的铁制窗框,窗户上方有多层弧形窗楣。

(4)郑善甫故居

郑善甫故居(图 2-17)位于肥西三河古镇西街,于民国时期建成,

| 立面 | 炮楼 | 鸟瞰图 |

图 2-16 李家大院

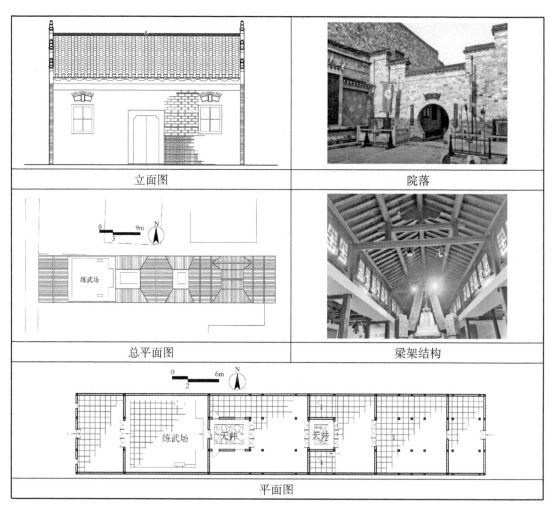

立面图	院落
总平面图	梁架结构
平面图	

图 2-17 郑善甫故居

现改为董寅初生平事迹纪念馆。建筑坐西朝东,整个宅邸占地面积约 486 m²,建筑面积约 370 m²,一共三进天井(内院),以"前厅—院落—天井—过厅—天井—上厅"为轴线纵向展开。院落中设有练武场;天井的长宽比为 1:1.5,两侧是厢房;第二进过厅两侧是书房和卧室。建筑是砖木混合结构,正贴屋架结构为抬梁穿斗混合式,边贴为穿斗式结构。柱子比较纤细、修长,柱础呈方形。建筑外檐墙的下碱是清水砖实墙,上身是空斗墙。外墙开设的窗户由两层构成,内层向室内开启,外层是铁焊而成,不可开启,窗户上方用弧形窗楣装饰,窗楣抹灰并雕刻了简单的线条。建筑的山墙是鹊尾式马头墙,屋顶为青瓦硬山顶,屋脊中间用瓦片拼合的花瓣装饰。檐口用扇形面覆盖瓦垄,并在其表面抹灰。檐口下方有线脚,线脚表面抹灰。建筑内部使用隔扇门,格心是方形格子,为深赭色。

(5)杨振宁旧居

杨振宁旧居(图 2-18)位于三河古镇古南街,建于清朝,现存建筑占地面积约 620 m²。建筑共有五进,面阔三间,是典型的"天井—院落"式平面布局。厅堂是整个建筑的核心,位于中轴线上,主要用于主人会客、家庭议事,与天井空间紧密相连。建筑的边贴采用穿斗式,正贴结构为抬梁穿斗混合式,梁枋和柱子刷朱漆,枋上用雕刻装饰。屋顶为青瓦硬山顶,檐口用滴水瓦装饰,屋脊中间有瓦制花瓣形图案。外墙下碱为石材砌筑的实墙,上身是青灰色砖砌实墙,山墙面是坐斗式马头墙。入口门作为建筑的标志,有匾额和门头装饰。建筑内部是传统的隔扇门与槛窗,门窗雕刻有简单的植物图案。

(6)刘同兴老宅

刘同兴老宅(图 2-19)位于三河古镇南街的一条小巷内,2016 年被公布为肥西县县级文物保护单位。建筑现在仍然有人居住,内部功能结构已经被改造,只剩临街巷一进是清朝时期所建。建筑面阔三间,双坡硬山顶,两侧山墙有鹊尾式马头墙,檐口用花边檐瓦和滴水瓦装饰。入口门是简化的商字门,略微向内凹,无门头装饰。门两侧开小窗,窗上有突出的窗楣。建筑外檐墙下碱是实墙,上身是空斗墙。

(7)英王府(三河大捷指挥部旧址)

三河大捷指挥部旧址位于三河古镇,曾是太平天国将领英王陈玉成的住所,所以当地人习惯把这里称为"英王府"(图 2-20)。英王府原为六进,第一进为门楼,第二进为两层楼房,房后有一水井,至今犹存,第三进原为将领们住所,第四进为议事厅,第五进是陈玉成的住所,第六进为卫兵住所,现仅存后四进。建筑为院落式布局,分东西两路。双坡屋顶,山墙面是鹊尾式马头墙。建筑结构为抬梁穿斗混合式,梁枋上无雕刻,柱础为鼓形。建筑入口门上有装饰的门头,与徽州的字匾门相似,建筑院内是传统的隔扇门和槛窗,门上有雕刻。

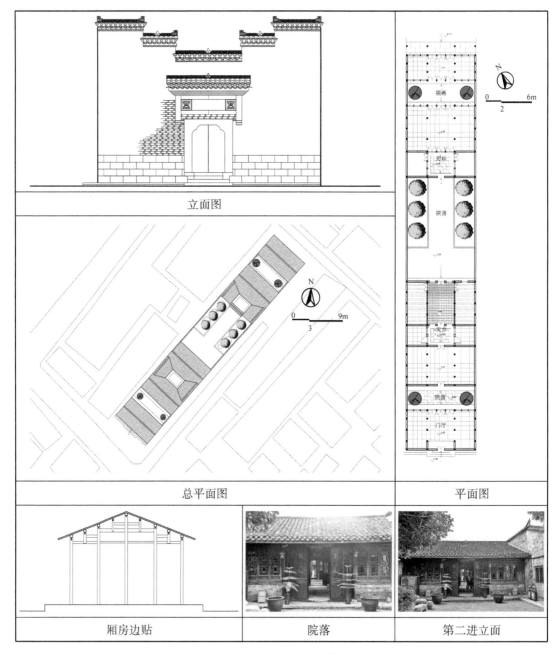

立面图	平面图
总平面图	
厢房边贴	院落	第二进立面

图 2-18 杨振宁旧居

图 2-19 刘同兴老宅
立面

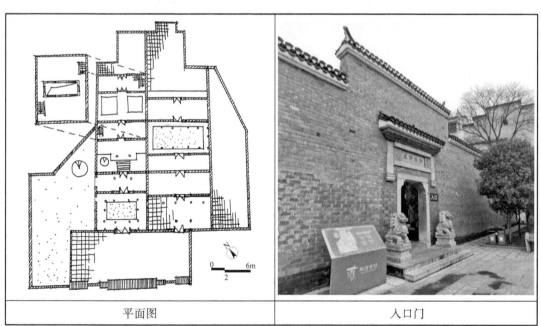

| 平面图 | 入口门 |

图 2-20 英王府

（8）朱氏旧宅

　　朱氏旧宅位于三河镇丰乐河畔——小月埂,距离三河古镇核心区不过数公里,此处原是码头,商业兴旺。朱氏旧宅后为一户彭氏家人居住,部分内部结构已被重新改建。建筑外墙高耸,下碱为实墙,上身为空斗墙。入口门为石制门框和门头,门头为字匾门样式,其装饰虽部分损坏,字匾最后一个字已模糊不清,但仍能看出装饰较为精美繁复。外墙开漏窗,内院墙上有绘制的水墨故事,建筑梁架结构上雕刻有人物故事。

（9）仙姑楼（中和祥老字号）

仙姑楼位于肥西三河古镇中街,原是中和祥创始人之一施道生的住宅,他笃信"好人善报"的因果,家中常设香火,在机缘巧合之下与一位女道长结下善缘,在家中设仙姑牌位,以香火供奉。后三河另一位商贾因重新修缮"仙姑楼",并为道长塑金身,而如愿求得一女,使得中和祥和仙姑楼的名声越来越大,善男信女纷纷来到此处祈福供奉,使"仙姑楼"从开始的家祭逐渐转变为公拜,由此,建筑的功能转变为居住和祭拜混合式。

仙姑楼（图 2-21、图 2-22）现存五进四院,面阔三间,坐东朝西,第一进是后期新建,作为当地居民的住房,第二进到第五进基本保持了原貌。第一进为两层,一楼为入口门厅,二楼用于居住,往里走为狭长的天井,两侧布置的是辅助用房,其后是一处"凸"字形院落,中间摆放着一个香炉;第二进厅堂是主殿,供奉仙姑金身;第四进为过厅,主要用于组织交通;第四进和第五进之间是一个开阔规整的院落,院中有六角攒尖凉亭和石桥;第五进有两层,一楼两侧为辅助用房,明间是楼梯,二层明间用于供奉仙姑牌位,次间用于居住。建筑墙体青砖裸露,是一眠五斗空斗墙体。建筑是砖木混合结构,正贴梁架结构是抬梁穿斗混合式,梁枋上有精美的木雕装饰,边贴是穿斗式

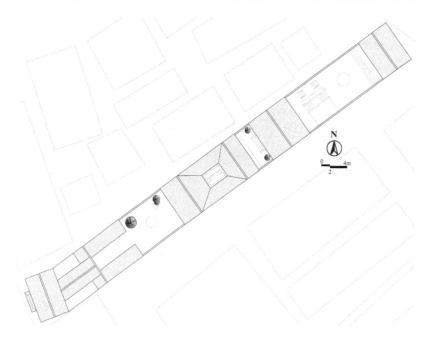

图 2-21　仙姑楼总平面图

构架。柱子呈深赭色,比较修长,柱础为圆形。建筑内部的门是传统的隔扇门,格心为万用纹和植物搭配,绦环板雕刻了灵芝纹,裙板雕刻了植物,槛窗装饰和隔扇门相似。山墙面是鹊尾式马头墙。屋顶是青瓦硬山顶,檐口用滴水瓦和花边檐口瓦装饰,屋脊立瓦整齐排列,中间是宝顶葫芦,屋脊两端有鸱吻。

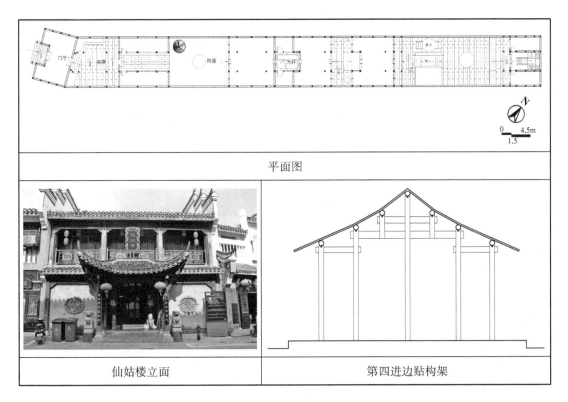

平面图	
仙姑楼立面	第四进边贴构架

图 2-22 仙姑楼

2.3.4 家族宗祠

(1) 大孔祠堂

大孔祠堂(图 2-23)位于合肥市大圩镇,建于 1905 年,是晚清大臣孔华清为族人筹资兴建的宗祠。建筑原占地面积 2 500 m²,几经变迁,现今祠堂多已损坏,仅存前殿与东、西厢房,以及正殿及其左右配殿等 6 处建筑。建筑坐北朝南,是典型的合院式布局。建筑入口门厅高约 6 m,两侧为偏殿,屋架结构是抬梁式,边贴中柱落地。枋上有镏金彩绘。门厅正对着的建筑为藏书楼,高两层,约 9 m,是以山东孔庙大殿为蓝本而建;面阔三开间,周围有回廊,是抬梁式结构,边贴中柱落地;额枋上有沥金的旋子彩画;屋顶是歇山顶,正脊中间是一个锡制的葫芦宝顶,四角起翘,屋脊上有装饰的脊兽。藏书楼的北面是寝殿,三殿并列式布局,均为三开间面阔,梁架结构为抬梁式。院落两

侧是寮房和庑殿,寮房面阔三开间,高约 5 m;庑殿面阔五开间,比寮
房略高;屋顶都是硬山顶,屋脊用脊兽装饰。

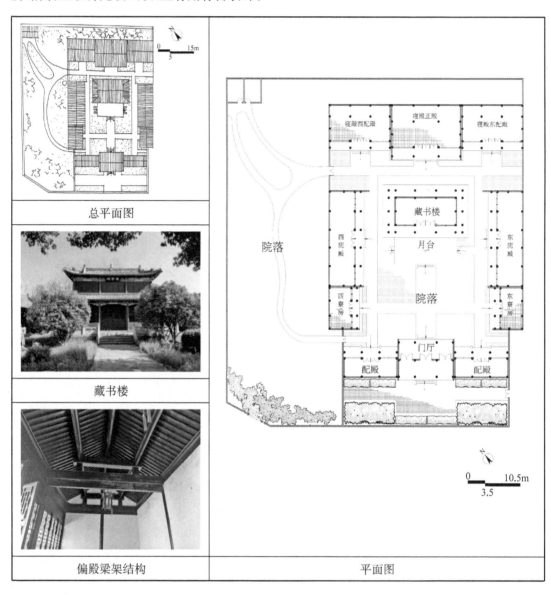

总平面图

藏书楼

偏殿梁架结构

平面图

图 2-23　大孔祠堂

(2) 李文安公专祠

李文安公专祠(图 2-24)建于巢湖岱山岛中庙昭忠祠的东侧,是
祭祀李鸿章父亲的专祠。目前建筑仅存一进,面积约 400 m²。由昭
忠祠往东走,直接进入该建筑群的院落。正厅面阔五开间,颇具气
势,正贴梁架结构为抬梁穿斗混合式,梁和枻墩上有精美的雕刻,边
贴为穿斗式结构。院落两侧的厢房为穿斗式木架结构,梁枋上有雕
花;柱础有方形和鼓形两种,上面雕刻了植物、动物或几何线条。建
筑墙体为清水砖砌,由下至上为实墙到空斗墙。建筑屋顶是硬山双

坡顶,为蝴蝶瓦合瓦铺设;屋脊由瓦片错落堆叠而成,正厅屋脊两端有装饰的鸱吻;厢房屋脊两端鹊尾式起翘。正厅和偏殿的门是隔扇门,格心为方格图案。

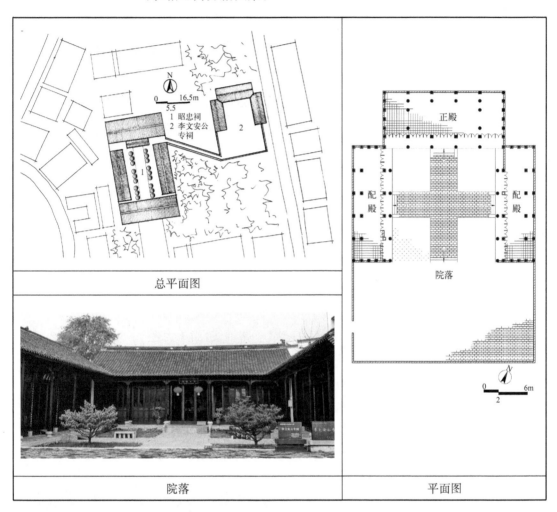

图2-24 李文安公专祠

（3）胡氏宗祠

胡氏宗祠(图2-25)是庐江县重点文物保护单位,位于庐江县同大镇西湾村,初建于元代,清朝乾隆年间在原址上修缮扩建,目前仅存主体结构。祠堂东西朝向,共三进两院,四周用连廊连接,中间是天井。梁柱上保留了原有的蝙蝠等雕刻。祠堂屋顶为硬山顶,山墙面是鹊尾式马头墙。檐口用花边檐瓦和滴水瓦装饰,正脊中间用铜钱图案装饰。外墙下碱是实墙,上身是空斗墙,砖檐处做横向线脚。入口门内凹,上方悬挂匾额,并用屋檐覆盖,屋面用筒瓦铺设;入口门两侧放置抱鼓石;两侧外墙开漏窗。

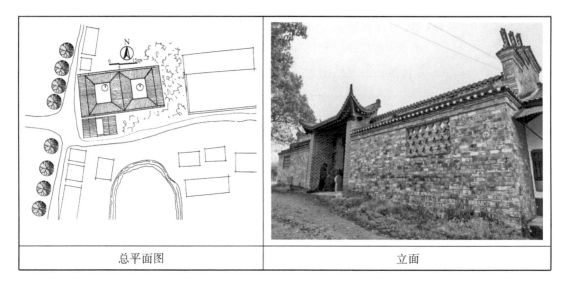

| 总平面图 | 立面 |

图 2-25　胡氏宗祠

2.3.5　商铺

（1）柘皋李鸿章当铺

柘皋李鸿章当铺（图 2-26）位于巢湖柘皋镇，建于清光绪年间，现存建筑占地面积约 1.4 亩，建筑面积约 1 300 m²。据考证，原有七进院落，是李鸿章当铺的总铺，目前建筑仅存一半，三路轴线，当中为主轴线。中轴第一进为门厅，两层楼房；正门有砖制门罩，线条简洁；门框为石质，门扇为实木板门；入口门两侧开窗。中轴第三进是正厅，庭院间有高墙相隔，院门有门罩装饰，东向门罩装饰最为精细，枋心雕刻人物故事，两端有"左有""右有"四字。北路一进为两层，面阔三间，建筑的正贴梁架结构是穿斗抬梁混合式，边贴是穿斗式结构；穿过

图 2-26　柘皋李鸿章当铺

天井后是北轴二进后堂,面阔同一进前堂,进深略小。南路在平面与立面装饰的设计上与北路基本一致,前堂明间的构架上雕刻卷草装饰,厢楼二层设有美人靠。

(2)烔炀李鸿章当铺

烔炀李鸿章(图2-27)当铺坐落于巢湖市烔炀镇老街内,建于清光绪年间,是安徽境内有迹可循的五处李氏当铺之一,目前保存最为完好,被称为"江淮第一当铺"。当铺为三进五开间,占地面积约 1 000 m²,建筑面积约 800 m²。第一进明间为门厅,两侧为厢房。进入门厅,穿过天井可直至二进明间。第二进明间是当铺交易空间,中间设有柜台,两侧为账房。第三进是两层的藏箱楼,用于储藏贵重物品。与第一进天井相比,第二进天井尺度小且狭长,一面院门位于柜台后,据记载,当铺伙计可从第二进天井直接爬梯子到藏箱楼的窗口放置物品或换取银两,之后撤掉梯子,进入柜台与客人进行交易。从结构方式看,建筑正贴梁架结构均使用穿斗抬梁混合式,边贴是穿斗式结构。第二进的梁枋处有大量雕刻,题材有卷草花卉、人物故事等。入口门有砖制门罩和石质门框,门头处用石雕装饰,门口有一对抱鼓石。屋顶是硬山顶,山墙面是鹊尾式马头墙,屋面用蝴蝶瓦合瓦铺设,檐口处用花边檐瓦和滴水瓦装饰。外墙下碱是实墙,上身是空斗墙,砖檐处做多层横向线脚设计,并用青砖砌筑长城纹。当铺内部的门窗为传统的隔扇门和槛窗,隔扇门和枋心雕刻寓意吉祥的图案和植物。

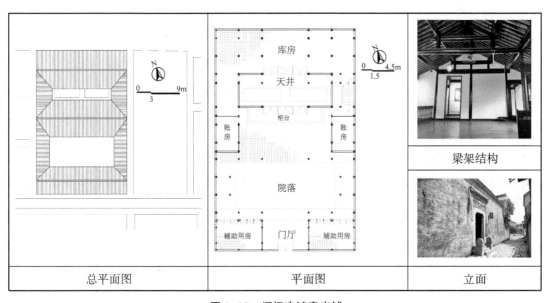

| 总平面图 | 平面图 | 立面 |

图2-27 烔炀李鸿章当铺

（3）旌德会馆

旌德会馆（图2-28）位于三
河镇南街，与罗化堂酱园、億诚
布店相邻，是清朝时期在三河镇
经商的旌德人为方便同乡的商
人居住而建。于2016年被公布
为县级文物保护单位，现在仍有
居民居住。从建筑现状来看，保
存质量一般，建筑临街面为两
层，面阔三间，楼下用于商业经
营，楼上用于居住。建筑外墙下
碱为实墙，上身为空斗墙，二层
外墙面用木隔板围合。

图2-28　旌德会馆

2.3.6　祠庙

（1）中庙

中庙（图2-29）位于巢湖北岸的凤凰台上，建于元大德年间，明朝
正德年间曾重修过；清光绪年间，李鸿章倡募对中庙再次重修；1948
年，后殿在大火中被毁，现存的前殿和中殿为清代建筑。

建筑坐北朝南，面阔三开间，一共三进。入口门与外墙持平，上
方飞檐翘角，层层叠进。外墙中间部分为裸露的黄灰色石材，上有楹
联，门头匾额雕刻人物、植物和动物等纹样装饰。门头檐下为石制仿
斗拱样式，上盖筒瓦，屋脊两侧有鸥吻。门口有抱鼓石和石狮子各一
对，外墙左右两侧粉刷红色抹灰。第一进屋架结构是抬梁与穿斗混
合式，梁枋上有精美的雕刻。柱子纤细笔直，刷朱漆，柱础为鼓形。
山墙面上有彩绘故事，天井两侧分别是地藏殿和观音殿。建筑第二
进是大雄宝殿，屋顶为歇山顶，屋面铺设青灰色蝴蝶瓦；檐口用滴水
瓦装饰；正脊是用瓦片编制的格子网，中间用宝顶葫芦装饰，两端有
鸥吻，戗脊上有形态各异的走兽。大雄宝殿的屋架结构与第一进一
致，柱础为覆盘式。穿过大雄宝殿后为天井，天井中有一口古井，名为
天湖井，又名"天下第一井"。天井两侧分别为伽蓝殿和辅助用房。建
筑第三进是三层宝殿——藏经阁。现在的藏经阁是20世纪90年代重
新修建的。藏经阁第一层面阔为五开间，周围环绕一圈回廊，二层三层
面阔逐渐缩小。藏经阁的明间有四根巨大的柱子，整块木料从一层直

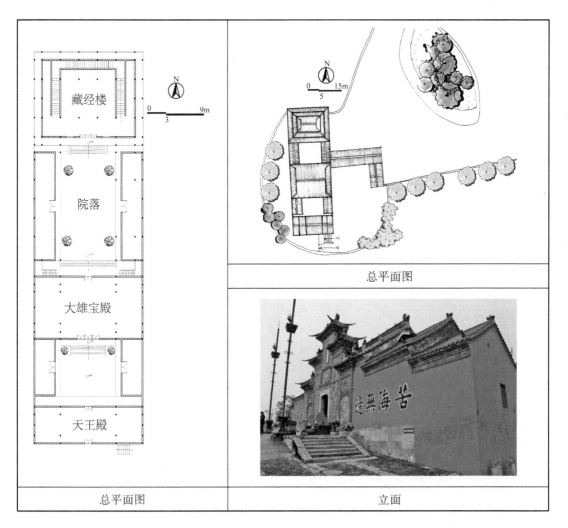

总平面图	总平面图
	立面

图 2-29 中庙

穿到三层,屋顶为歇山顶,屋面用筒瓦覆垄,檐口用滴水瓦装饰。

(2) 昭忠祠

昭忠祠(图 2-30)是李鸿章为祭奠在战争中逝去的淮军将士请旨所建。昭忠祠坐北朝南,南北长约 48 m,东西宽约 28 m,占地面积约 1 300 m²,建筑面积约 700 m²。建筑门厅采用"两实夹一虚"的做法,呈凹字形,两侧有抱鼓石,门上方有"淮军昭忠祠"匾额,是李鸿章亲笔题字。入口两侧为辅助用房,其后连接的是宽阔的院落,东西两侧为配殿,面阔七开间,是聚集议事的场所。院落正对正殿,台基比院落高约 1 m,大殿有檐廊,面阔七开间,用于祭拜淮军将士。昭忠祠是砖木结构,正贴梁架结构采用抬梁穿斗混合式,边贴采用穿斗式结构。前殿外墙下碱为石砌且用石材饰面,其余墙体为青砖砌筑的实墙,建筑外墙开窗。屋顶为硬山顶,山墙面和屋脊平齐。前殿和正殿屋脊平齐,用板瓦垒叠成图形装饰,两侧用方形石座收尾。配殿屋脊用瓦片排列而成,中间以花瓣图形装饰。部分梁枋、雀替和柱础雕刻简单的线条装饰。

立面	总平面图
正殿梁架结构	平面图

图 2-30 昭忠祠

（3）夫子庙

夫子庙是用于供奉孔子的地方，即孔庙，一般依附于州府的学宫。巢城夫子庙（图2-31）现位于巢湖市第二中学老家属院，始建于元末明初，在清康熙年间扩建。夫子庙初建时分为左、中、右三道，依照"前庙后学"的惯例，正门应该位于儒学场，现仅存主建筑大成殿的前殿和两侧厢房。大成殿东西两侧院各有八间，用于供奉先贤，主要建筑已经被毁。建筑为双坡硬山顶,外立面下碱为实墙,上身为空斗墙。由于遗存的建筑曾被改建为宿舍,现仍用于居住,建筑内部的部分构架遭到损坏或拆除。

图 2-31 夫子庙

（4）南河徐将军庙

将军庙(图 2-32)位于庐江同大镇南河村,原称湖神庙,为祭祀巢湖湖神之所,现为庐江县县级保护单位。此庙原为纪念晋代徐姓将军所建,重建于民国时期。将军庙坐西朝东,占地面积约 390 m²,共两进,前、后两进建筑分别建于民国九年(1920 年)和民国六年(1917年)。将军庙建筑黄墙红瓦,立面翘角飞檐。建筑正殿为歇山顶,正脊中间有脊兽装饰。建筑正贴梁架结构为抬梁穿斗混合式结构,梁上有雕刻;边贴为穿斗式结构,屋架柱枋上无装饰。

图 2-32 将军庙

| 总平面图 | 立面 | 第一进梁架结构 |

（5）三河城隍庙

三河城隍庙始建于宋代，位于三河古镇南街。寺内尚有庐江秀才留下的门联一幅及清代石碑遗迹。由于战火及年代久远等原因，屡建屡毁，2015 年由方丈宏学大和尚筹资在清朝时期的原址上复原重建，现隶属于九华山天台下院万年禅寺。

三河城隍庙（图 2-33）有两进院落，坐北朝南，中轴对称，建筑面积约为 263 m²。建筑外墙刷红色抹灰。屋角起翘，屋脊两端有鸱吻。外墙曲折起伏，墙头用滴水瓦和瓦当装饰，并做线脚，中间放置宝顶葫芦。入口外有一对抱鼓石，门头覆瓦，筒瓦覆垄。进入正门之后是天井，四周环绕回廊，天井中间放置了一个香炉。天井后侧便是正殿。正殿和后堂之间是一个狭长的院子，后堂有两层。建筑为砖木混合结构。柱子呈深赭色，柱础为圆形，雀替有雕刻和彩绘装饰。

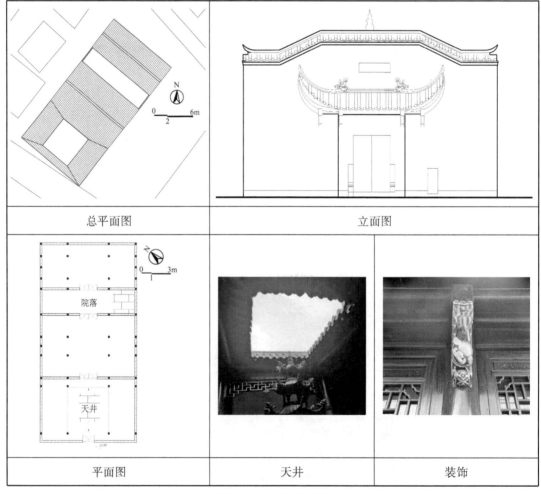

总平面图	立面图	
平面图	天井	装饰

图 2-33　三河城隍庙

2.3.7 古塔

图 2-34 振湖塔

图 2-35 姥山塔

（1）振湖塔

振湖塔（图 2-34）是省级文物保护单位，是由肥东吴氏一族于清光绪年间主持修建的砖塔。此塔为七层六角塔，高约 40 m。塔身与楼阁式塔相似，逐层向内收紧。每层檐部为砖砌仿木结构，塔的六角系有铜铃。每层开六扇窗，窗户呈拱形，塔内窗楣处嵌有砖雕佛像。振湖塔是六家畈吴氏宗族的风水塔，也是族人外出经商返乡的航标。

（2）姥山塔

姥山塔（图 2-35），又名"文峰塔"，矗立于姥山山顶，初建于明清之际，建到第四层时停工。直到清朝末年，李鸿章募资续建。塔身为青石砖结构，平面八边形，逐层向内收紧，塔高七层，约 51 m。每层八角飞檐上都悬挂有铜铃，檐下为砖砌仿木结构。塔内每层都嵌有砖雕而成的佛像。现为全国重点文物保护单位。

2.3.8 其他建筑

（1）天主教堂

巢湖天主教堂位于安徽省巢湖市第一中学老校区内，是由法国传教士林福恒于光绪二十三年（1897 年）购地修建，于民国元年（1912 年）建成。原名露德圣母堂，有圣堂、钟楼 53 间，占地超过 1 400 m²，建筑为西式框架结构。新中国成立后，当时的教堂神父西班牙人解佩义于 1952 年回国，教堂收归国有，建筑功能也发生变更，曾作为校办工厂、体育馆、食堂等使用。教堂现存 9 间，长约 33 m，宽 12 m。大厅中有两排柱子,各 7 根。两边墙上对应柱子的间隔,各有 7 扇窗户。

（2）普仁医院旧址

普仁医院旧址（图 2-36）位于巢湖市卧牛山北侧,曾经是教会医院所在地,2012 年被公布为安徽省第六批省级文物保护单位,现为巢湖医学发展史展览馆。建筑占地面积约 270 m^2,保存较为完整,是一幢二层的典型西式洋房。建筑双坡顶,土黄色实心外墙,用线脚装饰。建筑外墙开窗面积较大,有方形和拱形两种。

图 2-36　普仁医院旧址

第3章 环巢湖地区传统建筑特征

3.1 单元空间

人们的日常生活由不同的行为和事件构成,因此建筑的单元空间具有一定的使用目的和要求。在环巢湖地区的传统建筑中,厅堂、天井和侧房是最主要的单元空间。此外,因为受到淮军文化影响,部分建筑中出现了具有防御功能的空间,如炮楼等。人们将这些基本的单元空间灵活巧妙地组合在一起,创造了虚实相生的空间艺术,满足人们的生活需求和精神需求。

3.1.1 厅堂

传统建筑的房屋规模大小主要使用"界"(或'架')和"间"为基本度量单位。明朝时期,朝廷对民居建筑的形制做出了严格的"不过三间五架"的要求,明末以后,要求逐渐放宽,开始出现超过三间的民间建筑。在环巢湖地区,传统建筑的面阔以三间为主,部分建筑达五间,比如吴家花园、吴谦贞故居、李文安公专祠、炯炀李鸿章当铺等,也有等级较高的建筑,面阔有七开间,比如昭忠祠的正殿。厅堂是一组建筑中最重要的部分,常位于建筑中轴线上,天井(内院)方形居多,建筑剖面的高宽比与平面的长宽比基本一致;常在明间处设门,与天井(内院)相连,形成室内空间和半室外(室外)空间的互动关系;在厅堂中可以透过门窗与天井(内院)内的事物进行视觉上的交流。厅堂的布局方式有两种,一种是保持一个完整的空间,中间无内墙分隔;另一种是明间开敞,用木隔板把次间分隔成厢房,即"一明两暗"的布局。普遍来说,建筑梁架结构上的装饰都集中在厅堂。

厅堂的功能和意义确定了它在建筑中的核心地位,常位于主轴线上,有秩序地激活了整组建筑的内外关系。在有轴线对称的建筑中,第一进厅堂被称为门厅或下厅,靠近入口,是建筑内部与外界环境的分界线,起到引领建筑轴线的作用。轴线最后一进被称为上厅,是建筑组群中等级最高的空间,主要用于议事、会客或祭祀。其他厅堂被称为过厅,是多进"天井—院落"式建筑内部的交通空间,纵向交通的必经之地,起到贯穿整个建筑群组的作用。多进建筑群的纵向序列多为"前厅—天井(内院)—过厅—天井(内院)—上厅"的模式,建筑对外封闭,向内开敞。

3.1.2 天井

《辞海》对天井的定义是"四围或三面房屋和围墙中间的空地",其尺度比院落小,周围三面或四面围合的建筑屋顶常连接成片,上方没有屋顶,形似深井。从空间形态的角度来说,天井是偏向室内的灰空间,而院落是室外空间。天井的主要功能是采光、排水、散气和通风。

根据天井屋面开口的形状,天井的面积为 $10\sim30$ m^2,长宽比在 $1:2$ 之间。天井横向剖面的高宽比变化较大,大部分与天井平面的长宽比相近或略大。从天井四面空间的围合程度看,可以将其分为3种:①封闭式的,天井的四面都是房屋围绕,两边厅堂正面相对,明间与天井相连;②半封闭式的,天井的四面中,有三面被房屋包围,厅堂与天井相连,另一面是围墙,围墙和房屋形成一个围合的空间;③半开敞式的,天井的四面中,有三面是房屋,厅堂与天井相连,另一面直接与内院连接。

天井在传统建筑中可以起到调节建筑基地尺寸限制和房屋大小之间矛盾的作用,最大限度地保证建筑单体的必需尺寸,除此之外,天井在建筑中还承担着强化建筑秩序的责任。强化空间秩序,在一定程度上使内部环境和外部环境的过渡更加自然,也能营造私密、内敛的建筑氛围,让整个建筑空间更加富有节奏感和韵律感。

环巢湖地区的历史建筑外墙很少开窗,或开窗面积较小,采光条件不够,因此,天井的存在改善了传统建筑的采光条件。厅堂正向面对天井,获得最好的采光朝向,保证了建筑活动空间的良好环境。天井顶部开敞,天井和室内的空气压力差加速空气的流动,提升了建筑自然通风的效果。建筑屋顶普遍为双坡,天井四面的屋顶向天井内坡,设有挑檐,雨水通过屋顶的排水系统流入天井,天井的地面通常铺设石板、细磨砖、鹅卵石或者三合土,一般在周围设石板铺地的排水明沟,雨水可以从天井地面的排水系统排出。开合的空间使建筑内部空间的采光和通风的效果放大,天井的排水和蓄水体系形成一个小型的调湿调温系统,而且起到消防的作用;再加上景观绿植,达到调节局部环境小气候的目的,构成了天井独立的、完整的小型生态环境系统。

在建筑的平面布局中,天井的灵活运用成为引人入胜的关键因素,建筑因为天井的引入而富有变化,层层递进。与此同时,天井还被赋予了丰富的精神文化内涵。在建筑中,天井被视为室内空间和外部空间交流的场所,是人们对天、地、人三者关系的思考表现。天井把人们的视角从大地引向天空,其他的建筑功能空间和人们的日常起居围绕着天井展开,人们从一方天井感知日夜的变化,寻找人与天地的共融之法。

除了天井,环巢湖地区的传统建筑还存在一些比天井面积大一些,高宽比小一些的院落。院落在《辞海》中的定义是"四周有墙垣围绕、自成一统的房屋和院子"。与天井相比,院落的尺度较大,四周开阔,多被建筑、廊道或围墙围合,组织形式更加灵活多变。从空间的角度来说,院落作为室外空间,比天井更开阔,与室内空间的差异化更明显,也会使得建筑的开放性有所提升。其功能与天井类似,但更多地反映出北方平原地区的建筑空间组织特征。

3.1.3 侧房

侧房多位于厅堂两侧,或围绕天井(院落)布置。民宅的侧房多为家庭内部成员使用,用作睡房、厨房、储藏等;商业类建筑的侧房主要有储藏间、账房等;宗祠和寺庙的侧房一般称为偏殿、配殿或按其主要的功能命名。侧房位于天井两侧,有些建筑在厅堂两侧的次间会再分隔出一个房间,作为书房或偏厅。侧房的面阔主要根据建筑的规模确定,环巢湖地区的历史建筑的面阔主要有三开间、五开间和七开间三种。清朝时,由于等级制度的约束,侧房的屋脊不得高于厅堂的屋脊,房间横剖面的高宽比略大于平面的长宽比。由于侧房的开间或进深都比较小,所以房间的高度显得比较高。房间内部是一个完整的方形空间,面积在 $7 \sim 20 \ m^2$ 左右。侧房在靠近天井一侧开窗,向天井取光。

3.1.4 炮楼

晚清淮军文化在环巢湖地区盛行,许多武官家的建筑中都出现了具有防御性能的空间,其中,炮楼极具代表性。炮楼的平面为方形,边长 $9 \sim 12 \ m$,长宽比约为 $1 : 1.5$;内部无分隔;高度普遍在三层,是建筑群的制高点;主要是砖混结构;墙体是实墙,坚硬、厚实;空间比较密闭,只有两面开门,开窗的面积较小。炮楼一般位于建筑群的侧边靠近角落处(表 3-1),在战时用于防御和观察,在洪水多发的地区也可以用于防洪防涝。

表 3-1　炮楼位置一览表

卫立煌故居	宋世科住宅	李家大院

3.2　组织布局

在气候、地形地貌等自然环境和地域风俗习惯、历史文化等人文环境的共同作用下,建筑的平面布局有所差异。与此同时,不同时代也有不同的审美需求,这也是影响建筑平面布局的重要因素。环巢湖地区历史建筑的整体布局比较方整,平面类型和单元组合形式多样。表 3-2 是从环巢湖地区中选取的一些不同时代的建筑实例。

3.2.1　基本平面类型

环巢湖地区历史建筑的种类丰富,平面类型也各有差异,基本平面类型可以分为独栋式的"一"字形、一进天井(内院)的"口"字形和"冂字形"、两进天井(内院)的"日"字形。

1."一"字形

中晚清时期,三河古镇修建了一批没有天井和内院的建筑,这些建筑通常同姓氏相连在一起,面阔大,进深小,平面布局规整,呈"一"

表 3-2　环巢湖地区部分实例平面布局一览表

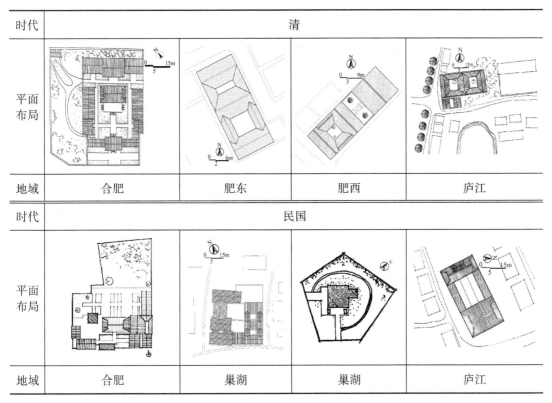

时代	清			
平面布局				
地域	合肥	肥东	肥西	庐江
时代	民国			
平面布局				
地域	合肥	巢湖	巢湖	庐江

字形。民国时期，环巢湖的其他地区陆续出现一至二层的独栋式建筑，组织布局为单进式。这类建筑一般面阔大，进深小，面阔由建筑规模决定，五开间至九开间不等。独栋式建筑平面布局比较简单，建筑的交通流线比较简单，部分建筑有外院，由入口门进入院子，穿过院子再进入建筑内部，外院形状随建筑基地而改变，呈方形或不规则形状，如普仁医院旧址。

2.“口”字形

“口”字形的布局方式是只有一进天井（内院），上厅和下厅相对，天井（内院）两侧是厢房（表 3-3）。在环巢湖地区的历史建筑中，是“口”字形组织布局的建筑主要有李克农故居和昭忠祠。李克农故居的组织布局为一进院落，门厅面阔三间，穿过门厅到达天井，天井的东西两侧分别是厨房和厢房，上厅的明间是客厅，次间是卧室。在昭忠祠的组织布局中，四面建筑屋顶不相连，“口”字中空的区域是由前厅、正殿和两侧偏殿围合而成的院落。前厅面阔七间，明间和次间是通达的入口门厅，稍间和尽间被隔出；院落两侧是偏殿。正殿面阔七开间，用于祭祀，是整个祠堂的主体建筑。

表3-3 "口"字形平面类型

示意图	案例
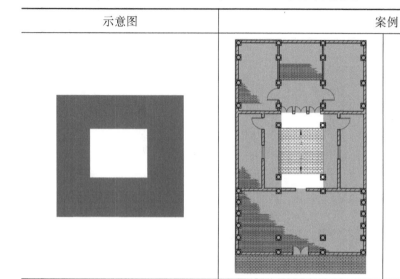	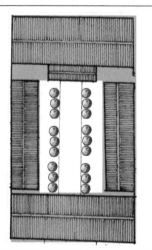

3."冂"字形

"冂"字形部分建筑只有一进天井(内院),由上厅和两侧的厢房围合而成,另一面砌围墙隔绝外界环境(表3-4),比如李文安公专祠。李文安公专祠正殿面阔五开间,正殿前是一个开阔的院落。偏殿面阔五开间,位于院落的东西两侧。院落的南面是用清水砖砌的围墙,建筑和围墙围合形成内院,平面布局沿"内院—正殿"中轴对称。

表3-4 "冂"字形平面类型

示意图	案例
	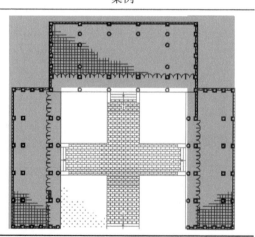

4."日"字形

"日"字形建筑有两进天井(内院),厅堂和天井(内院)纵向排列,形成轴线,天井(内院)两侧是厢房或连廊,整个建筑群被俯瞰时与

"日"字形似(表 3-5)。厅堂的面阔以三开间为主,部分建筑的厅堂为五开间。环巢湖地区的历史建筑中,"日"字形的组织布局较多,如唐大楼、吴球贞故居、中庙、炯炀李鸿章当铺和胡氏宗祠等。

表 3-5 "日"字形平面类型

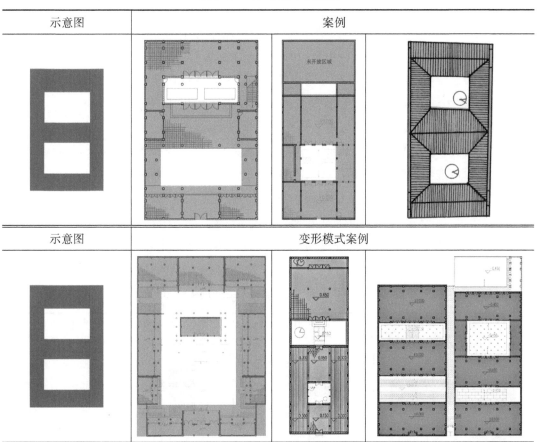

示意图	案例		
示意图	变形模式案例		

还有一些建筑的组织布局可以看作是"日"字形的变形模式。大孔祠堂四周的建筑围合形成院落,在院落中间是一幢方形平面的藏书楼,与四周建筑不相连,但从组织布局上看,和"日"字形类似。三河城隍庙和刘秉璋故居的第二进是院落,两侧使用围墙围合,但在组织布局上是两进天井(内院),所以将它们归类为"日"字形的变形模式。吴家花园是由两路两进天井(内院)布局的建筑并联而成,西路建筑有后花园,但北侧和东侧没有围合的建筑,建筑群的组织布局依然是以"日"字形为主。

3.2.2 平面组合方式

部分建筑规模较大,有多进天井(内院),不能进行简单的归类。

如果把"口"字形、"冂"字形和"日"字形作为平面布局的基本单元,多进式的历史建筑的布局可看作由面阔相同的平面基本单元通过不同的方式组合而成,组合方式主要有串联和并联两种。

1. 串联

串联的组合方式是平面单元沿着轴线的方向排列,在轴线上增设厅堂。组合时既可以同一种平面类型组合,也可以多种平面类型混合组合;平面单元之间可以直接组合,也可以通过院落组合(表3-6),比如杨振宁旧居、刘同兴隆庄和郑善甫故居等。刘同兴隆庄第一进天井是"冂"字形平面单元的演变,第三进与第四进可以组成"日"字形平面单元,第二进院落把两组基本平面单元串联起来,构成一组四进天井(内院)的建筑群;杨振宁旧居一共五进天井(内院),第一进与第二进、第四进与第五进分布可以组成"日"字形的平面单元,利用第三进院落把两组基本平面单元串联起来,构成一组完整的建筑群;郑善甫故居第二进天井和第三进天井分别可以视为一组"冂"字形平面单元,两组基本平面单元直接拼接,通过第一进院落与下厅串联,构成一组三进天井(内院)的建筑群。

表3-6　串联方式

"口"+"口"	"日"+"冂"	"日"+"日"	"冂"+"口"
吴谦贞故居	刘同兴隆庄	杨振宁旧居	郑善甫故居

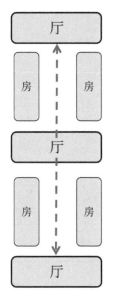

图 3-1 "厅"与"房"

在地狭人稠地区,通过纵向上扩大功能空间,根据不同的需求灵活组合,形成"天井—院落"式独具特征的组织布局。在"天井—院落"式布局中,"厅"与"房"的位置区分以及形式的变化体现了传统建筑遵循的主次秩序(图3-1),在虚实收放间构成整个建筑空间序列的框架。建筑的基本单元沿中轴线的纵深方向通过院落连接,形成基本的空间变化,以三种基本单元直接创造了新的空间序列,也强化了基本单元的空间等级。

2. 并联

并联式组合是由平面单元沿横向拼接而成(表3-7)。在环巢湖地区,往往是同宗族的兄弟家庭共同居住,一组组相对独立的建筑利用甬道并联成为一个整体,在两组建筑之间有共同的入口。这种组合方式既可以保持各组建筑的独立性,又可以使同宗族的建筑形成一个整体,与此同时,各组建筑可以共同使用一些公共空间。有的建筑直接横向并联拼贴组合,每一路建筑都有独立的入口,在建筑的内部有共同的天井,或在内院的侧墙上开门,使每一路建筑之间可以相互连通,也可以通过院落连接建筑单体,形成一个完整的建筑群体。比较典型的案例是吴家花园和卫立煌故居。吴家花园利用甬道把两组"日"字形的平面并联连接,甬道有共同的出入口,甬道的侧墙上开门,便于互相沟通,通过甬道可以共享后院。卫立煌故居是直接并联拼接的三路建筑,建筑内部在院落侧墙上开门,西路和中路建筑共同使用第二进天井,通过第一进院落与下厅串联,形成"日"字形平面。

表 3-7　并联方式

利用甬道并联	直接拼合	利用院落并联
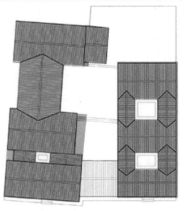		

除中轴对称的布局之外,也有一些非对称或局部对称的布局模式。这类建筑群往往受到地形的影响通过院落并联组合,比如张治中故居,建筑位于宅基地中比较平缓的两侧,中间通过院落和台阶处理宅基地的高差,并把两路建筑连接起来。

3.3 梁架结构

环巢湖地区传统建筑的梁架结构有多种样式,常见的有六檩单廊、七檩前后廊、九檩前后廊几种梁架式样(表3-8)。

表3-8 环巢湖地区传统建筑木构架一览表

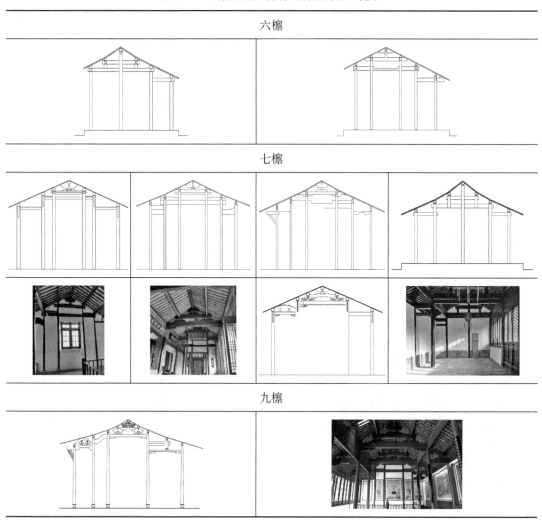

六檩梁架主要用于厢房、偏殿等辅助空间,以五架加单廊的形式为主。七檩梁架主要用于厅堂建筑,正贴梁架结构多用抬梁穿斗混

合式,普遍是四柱落地,边贴多用穿斗式结构,五柱或六柱落地的样式比较常见。九檩梁架较少,只见于官员宅邸的正厅和祠庙建筑正殿中,如吴育仁故居的正厅和昭忠祠的正殿。

中国传统建筑最主要的木构架主要分为抬梁式和穿斗式,使用抬梁式可以获得较大的室内空间,但需要直径大而且完整的木材制作梁,对材料的要求较高,在北方地区流行,主要用于官式建筑或厅堂。此外,抬梁式也是等级的体现,在环巢湖地区的历史建筑中,仅有大孔祠堂一处建筑使用了抬梁式。穿斗式流行在南方地区,对材料的要求较低,方便分隔空间,但是由于穿斗式构架柱子比较密集,造成室内空间被分隔得比较狭小。

在技术传播交流的大背景下,工匠们往往会根据地区的实际情况对技术进行改良,以获得更好的营造效果,于是就有了抬梁和穿斗混合的构架形式。常见的混合方法有两种:①在一个完整的构架中,在不同榀屋架中使用不同的结构体系,即在正贴使用抬梁式,边贴使用穿斗式;②在同一榀屋架中同时使用穿斗和抬梁两种结构方式。在环巢湖地区的历史建筑中,抬梁和穿斗出现在同一榀屋架上出现的频率很高,正贴普遍使用此类混合式构架。其结构特点是柱子承接檩条,瓜柱不落地,搁置于梁上,承重梁的两端插入柱身,与抬梁式柱上搁梁,梁上搁檩的结构形式不同,与穿斗式构架在柱间无承重梁、仅有穿枋拉接的结构形式也不同,但兼备了穿斗和抬梁两种结构的特点,故称抬梁穿斗混合式(图3-2、图3-3)。孙大章先生在《民居建筑的插梁架浅论》一文中把此类结构称为"插梁式",将其与抬梁式和穿斗式区分开。与穿斗式结构相比较,抬梁穿斗式瓜柱不落地,室内的有效面积增加。此类构架在构造工艺和用料上与穿斗式类似,因此取材方便,便于民间工匠制作。

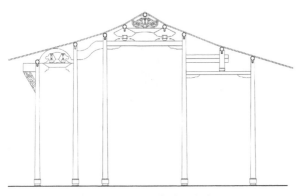

图 3-2 抬梁穿斗混合式

图 3-3 抬梁穿斗混合式梁柱连接样式

3.4 营造做法

环巢地区传统建筑由台基、墙身和屋顶组成。台基形式比较简单;墙身砌筑方式多样;屋顶主要是硬山顶和悬山顶两种,部分等级较高的建筑选择歇山顶,屋面细部装饰各有异同(表3-9)。

表 3-9 环巢湖地区立面样式一览表

地域	立面样式		
合肥			
肥东			
巢湖			
庐江			
肥西			

3.4.1　台基

在传统建筑中,台基是建筑基础的一个重要组成部分。台基的主要作用有两个:第一,承载屋顶和屋身的重量;第二,抬高屋身,防止雨水进入室内。

环巢湖地区建筑的台基样式略有差异,主要有两种:一种是台基的高度与室外路面齐平,没有踏步;另一种是台基比室外路面略高,大约高1~3个踏步。有的建筑踏步的长度与外立面一致,比如杨振宁旧居;有的建筑踏步长度比正厅明间的开间略长,比如李克农故居。台基的尺寸与建筑的平面尺寸一致。踏步的高度为120~150 mm,宽度是高度的1.8~2倍,踏步两边没有垂带石。祠庙建筑中,正殿的台基较高,台基的踏步数从3~7步不等,踏步的尺寸与其他建筑的踏步尺寸接近,踏步两边有垂带;部分建筑台基的尺寸比建筑平面的尺寸略大,形成回廊,把建筑的屋身衬托得比较轻盈,使建筑比例均衡。

建筑台基的主要制作材料是青砖、细石和石板等防水材料,作为房屋的基础,首先要坚固,除了承载屋身和屋顶的重量以外,还要达到防止雨水侵蚀建筑墙体和木构架的目的。

3.4.2　墙身

环巢湖地区传统建筑大部分是砖木结构,围护墙体多采用清水砖来砌筑。总体来说,墙体可分为外墙和内墙,根据其功能和位置的不同又可以进行不同的分类,比如山墙、檐墙、槛墙、院墙等,建筑主要由山墙和檐墙围合而成。山墙也称为外横墙,是沿建筑进深方向布置的外墙面。传统建筑的山墙的主要作用是维护、与邻居分隔以及防火。巢湖南岸地区,建筑的山墙常常伸出其屋顶,做成马头墙的形式,少数建筑的山墙伸出檐柱以外形成"墀头"。

清水砖是墙体砌筑的主要材料,部分建筑下碱使用石材砌筑;墙体有实墙和空斗墙两种,经常搭配使用,常见的做法是下碱为实墙,上身为空斗墙。该地区惯常使用的青砖尺寸大约是320 mm×160 mm×40 mm,适用于砌筑空斗墙。空斗墙可节约材料,节省花费,其砌筑方式主要有无眠空斗墙、一眠三斗、一眠五斗三种,几种砌筑方式可以根据外檐墙的尺寸需要灵活搭配。也有部分建筑的墙体只使用实墙,砌筑的方式主要有梅花丁实墙或是实滚墙。民国以前的建筑外墙封闭,极少开窗,民国以后,外墙的开窗面积增大。院内檐面墙下碱主要是青砖空斗墙,中部是槛窗,上部主要是木板墙,少量建筑院内的檐面墙使用了花滚墙(表3-10)。明清时期的建筑主要使用木板墙分隔室内空间。在环巢湖地区,制作木板墙的材料比较丰富,前期建造成本和后期维护、更换的花费少,所以室内普遍使用木板墙体和板门。

表 3-10　环巢湖地区建筑墙体砌筑方式

3.4.3 屋顶

在建筑中,屋顶常被称作"第五立面",在中国传统建筑中,屋顶的立面比例也占到了三分之一的比重,是建筑中较为突出的表现部分。环巢湖地区历史建筑的屋顶式样主要是硬山屋顶和歇山屋顶两种,民居建筑主要是双坡硬山顶,祭祀性建筑或祠庙建筑中有歇山顶,如大孔祠堂的藏书楼,中庙的藏经楼和大雄宝殿,南河徐将军庙的正殿。

从做法看,环巢湖地区历史建筑的屋顶做法较为常规:椽子置于檩上,与梁的走向一致,沿着建筑屋面有序地铺设;先在椽上铺设一层望板,之后再用瓦片覆盖,增加屋面覆盖的密度,防止屋面破损漏雨,也有部分小户的民居直接在椽上铺设瓦片。民居类建筑主要铺设蝴蝶瓦,仰瓦凹面向上,合瓦凹面向下,组合成压七露三的合瓦封闭形式。比较考究的建筑,如胡氏宗祠、中庙、大孔祠堂等的主体建筑则铺设彩色筒瓦。

3.5 装饰与色彩

环巢湖地区传统建筑在历史的发展中形成了具有地域特征的装饰体系,体现了当地建筑在特定的社会背景下对环境和文化的感知,同时也是当地民众对营造文化的继承发展和内心愿景的物化表达,不同的社会背景、地理位置和经济条件会造成建筑装饰的差异。

3.5.1 装饰

1. 装饰位置

在环巢湖地区历史建筑中,装饰主要集中在屋面、砖檐、马头墙、结构构件、门和窗等处。

（1）屋面

在中国传统建筑中,屋顶是装饰体系的重要组成之一。民居建筑中,巢湖北岸地区大部分建筑的屋脊两端稍稍向上弯曲,呈鹊尾式起翘,曲线灵动优美;而巢湖南岸的民居建筑的屋脊则平直整齐,两端山墙封脊。宗祠、庙宇等规模较大的建筑屋脊两端用鸥吻装饰,歇山顶建筑中戗脊起翘,上置脊兽(图3-4)。建筑的正脊中间有装饰图案,寺庙或道观一类的建筑多称"脊刹",民居建筑正脊中高起突出的装饰图案称"腰花"(图3-5)。檐口处一般使用滴水瓦和花边檐瓦做装饰,一些规模较小的民居建筑则只是在檐口扇形的表面抹白灰(图3-6)。

图3-4 脊兽

图 3-5　正脊

图 3-6　檐口

（2）砖檐

砖檐也是装饰的主要位置，用砖砌出不同形式的线脚，主要有直线檐、抽屉檐和菱角檐。一般直线檐的出挑砖只有两层，部分建筑直线檐出挑三层，在第一和第二层之间有一层不出挑的立砖。多数建筑在砖檐处刷白色抹灰，并雕刻重复连续的曲线，比较考究的建筑在多层直线线脚下用砖砌筑纹饰。

（3）马头墙

环巢湖地区的建筑也受到了来自徽州地区的建筑风格影响，一些建筑使用了马头墙（图 3-7）的做法，主要是鹊尾式和坐斗式两种类型。墙脊上立瓦整齐排列，端部放置鹊尾或坐斗。造型上马头墙逐层跌落，跌落的尺度和数量视建筑的进深和屋面的坡度而定。

（4）结构构件

结构构件包括触地的柱础、立柱，用于支撑结构的梁架，以及梁枋下的雀替等构件。梁架上的装饰普遍集中在厅堂的正贴，普通厢房

图 3-7　马头墙

的梁枋几乎不做装饰。大部分建筑的梁架平直整齐,若干厅堂中则会采用月梁,两端向下微微弯曲,中间略突起,形似月亮。梁上雕刻卷草纹等图案,使其更加精美。柁墩是夹在两层梁枋之间的构件,形似木墩,与童柱的结构作用相同。柁墩往往宽度比自身高度小,一般两端为曲线,部分建筑会在柁墩上雕刻图案。雀替是在梁枋下用于辅助支撑的结构构件,雀替上的装饰形式主要是雕刻。立柱的装饰主要集中在柱础,柱础的用料主要是石材,形式多样,有方形的、鼓形的和覆盘形的,大部分柱础都雕刻有几何线条或植物图案,见图3-8。

图 3-8　结构构件
装饰

（5）门

建筑的门主要有入口门(图 3-9)和院内门两种类型。在巢湖北岸的民居建筑中,生活性建筑的室外门装饰比较简单,仅仅是在门框处抹灰或雕刻简单的线条,或是将入口空间内凹,形成"两实夹一虚"的空间比对效果;祭祀性建筑的装饰比生活性建筑精细,通常在门洞上方挂牌匾。与民居建筑相比,祠庙建筑入口门精美复杂,上置飞檐翘角,以筒瓦铺设,而且用脊兽装饰;有的祠庙建筑入口门处雕刻了具有象征意义的图案装饰。

图3-9 入口门装饰

相比而言,巢湖南岸传统建筑的入口门装饰更加精美。三河古镇的建筑入口门都有当地的特色门罩,和徽州地区的建筑有一些相似的地方,但装饰手法更简朴一些。明清时期,三河镇是商业重镇,作为建筑外立面主要标志的入口门也体现了家庭地位与财富,所以,入口门的装饰化处理也就实现了功能和视觉上的统一。门头形状一般以矩形字匾为主,建筑规模比较大的建筑会在入口门处做砖雕,有的建筑门头有垂花柱。部分建筑的门头是门楼形式,上方覆盖瓦片,四角起翘,檐口用滴水瓦和花边檐口瓦装饰,比较考究的建筑入口门处放置成对的抱鼓石或石狮子等其他装饰。

院内门以传统木制隔扇门为主。隔扇门的装饰丰富多变,格心主要有方格纹、万字纹、如意花纹等样式。绦环板采用浮雕或线雕,有植物花卉、如意纹等纹样,一般来说,裙板的雕刻最简洁或不做装饰,在视觉审美上比较朴素、简约。在建筑中,室内门不仅仅有出入口、联系空间的作用,有时还起到墙的作用,用来分隔室外和室内空间。

（6）窗

环巢湖地区中,清朝时期的建筑几乎不在外墙开窗或仅开设在二层;民国时期的建筑开始在外墙开窗,但开窗面积较小,大多是方形窗,部分窗户上方有弧形窗楣装饰。外墙窗户一般为两层,内层向室内开启,外层焊接了铁艺护栏,不可开启(图3-10)。

室内窗往往和室内门成组出现,大多数窗户设置在天井或内院的围合面上,和室内门一样,起到分隔空间的作用,在这种情况下,门和窗的功能是接近的。室内窗格心部分为横竖棂子组成的格子纹、什锦纹、套方十字纹等,中间镶嵌玻璃,绦环板上一般雕刻植物或云纹。窗和门的色彩基本一致,建筑里室内窗的装饰通常与室内门的一致。

图 3-10　窗户样式

2. 装饰技法

（1）砖瓦营造

建筑檐口处大多以青砖做叠涩,将砖做成单层或多层横向线条,砖的砌法不一,可以顺砌、侧砌或丁砌,也可以把其中一排砖旋转45°,形成用来装饰的花纹,部分建筑的线脚粉刷白色抹灰。檐口有两种做法:一种是檐椽出挑,檐口用滴水瓦和花边形檐瓦装饰;另一种是檐口底瓦的两根椽之间铺垫碎瓦,稳定瓦垄,并在瓦垄和墙相交的地方用盖瓦覆盖,在瓦垄下面与表面抹灰浆,防止漏水,并形成波浪形装饰。部分建筑屋脊的脊饰运用瓦片拼合成各种装饰图形。

（2）雕刻

雕刻技术在安徽地区是成熟的营造技术之一,在建筑装饰中非常普遍。环巢湖地区的传统建筑中,雕刻分为木雕、石雕和砖雕。木雕主要运用在梁枋、雀替和门窗上,雕刻手法也各有差异,在传统建筑中主要使用浮雕和线雕。石雕主要运用于柱础上,部分入口门处也用石雕装饰,雕刻手法主要是线雕。檐口处的滴水瓦和瓦当上也雕刻了象征吉祥的花纹图案。

（3）灰塑

鸱吻和脊兽是传统建筑常见的装饰物。环巢湖地区传统建筑的鸱吻和脊兽主要是使用灰塑工艺制造而成。民间工艺的灰塑没有规定的制作流程,普遍做法是利用黏土、草筋、石灰等材料按照一定的配比混合搅拌,利用设计制作好的骨架对配置好的材料进行塑形,然后往上抹灰调整,最后雕刻线条,对灰塑表面进行平滑处理。祠庙建筑脊刹的宝顶葫芦也是用灰塑工艺制作而成。

（4）彩绘

在大孔祠堂的外檐额枋上出现了大量的彩画,色彩丰富艳丽,以旋子彩画为主。中庙藏经阁的廊轩和斜撑上有简洁的彩绘装饰。在梁枋上绘制彩画,不仅能起到装饰的作用,又可以对建筑构件起到防潮防虫的保护作用,丰富的彩画题材,表达了人们追求平安幸福、驱邪避祸的美好愿望。在中庙天王殿的山墙面上,有顺着梁枋方向绘制的人物故事,除了具有装饰功能以外,也可以达到输出建筑背景信息的目的。(图 3-11)

图 3-11 彩绘样式

3. 装饰题材

（1）几何图案

环巢湖地区历史建筑墙身的装饰比较简洁,以横向线脚或曲线为主,多为简单的线条。传统木作门窗的格心、绦环板以及裙板是装饰的主要位置,格心由几何图案构成,主要是由线条构成的直棂方格纹、锦格纹、八角格心等图案,也有直线和曲线结合构成的回纹、如意纹和龟背纹等。建筑挂落通透,由直线构成方格栅等图案,线条组合方式自由多样,做工简单,在历史建筑中非常普遍。

（2）动植物

在装饰中,动植物纹饰占据了较大的比例。环巢湖地区祠庙建筑中正吻主要选择的是螭吻。中庙的螭吻尾部卷曲,身体部位雕刻了鳞片和龙爪等图案,吻部龙头向外闭合。而大孔祠堂螭吻的尾部背鳍规整排布,较为锋利。戗脊上的脊兽都是动物形象,主要有狮子、马、鸡、仙人等形象,它们形态各异,生动形象。

传统隔扇门和槛窗的装饰题材以几何纹和植物为主。在环巢湖地区,部分建筑的门窗在格心、裙板等处浅雕植物,主要有兰花、藤蔓、叶子等图案,线条简单流畅。梁枋、雀替等木构架也有大量卷草纹的装饰纹案。民居类建筑的脊饰题材主要是由瓦片拼合而成的各种花瓣图案,简洁生动。

（3）象征符号

传统建筑中常使用被赋予吉祥寓意的符号,通过图案的象形、谐音或寓意表达人们的美好期许。在这些建筑中,梁架上的大量云纹、卷草纹,隔扇门和槛窗上的锦文、回字纹,寓意着多福多财,家族绵绵不断;植物纹饰中有莲和兰花,象征品行高洁之意;脊饰中的鹊尾除了装饰,也称"鹊",意为吉祥;象和猴是对拜相封侯的期许;狮子等祥瑞象征威严,希望能保护家宅;一些商业建筑中的装饰出现铜钱纹案,寓意天圆地方,遵循自然之道的意愿,也有对生意兴隆的美好期盼。在肥东、合肥地区,建筑入口门上有冷兵器的图案,反映人民震慑宵小、固守宅门的期盼。

3.5.2 色彩

环巢湖地区传统建筑的色彩是以保持建筑材料原有的颜色为主,不做过多的粉刷。大部分建筑的墙体青砖裸露,呈青灰色,质朴粗犷;瓦片主要是深灰色;屋架和门窗的颜色保持一致,主要是深褐色或赭色(图3-12)。部分祠庙建筑会粉刷外墙,比如中庙、三河城隍庙的外墙粉刷红色抹灰,南河徐将军庙的外墙粉刷黄色抹灰;等级较高的建筑梁柱刷红漆,比如中庙、大孔祠堂藏书楼、中庙正殿等(图3-13)。此外,大孔祠堂的额枋和中庙藏经阁廊上有彩绘,主要颜色有蓝靛色、青色和金色。

图3-12 民居建筑及商业建筑常用色彩

图 3-13　祠庙建筑常用色彩

3.6　传统建筑特征总结

通过对环巢湖地区传统建筑从平面布局、结构、整体造型和装饰等方面的分析,对其进行以下特征总结:

3.6.1　突出轴线

环巢湖地区的历史建筑的基本平面类型有"一"字形、"口"字形、"冂"字形和"日"字形。合院单元一般纵向串联组合,以达到增加房屋数量,并突出中轴深度的要求。一些规模较大的家宅,家族成员结构复杂的情况下,不仅可以在纵向上以合院单元的形式组合,同时也可以在横向上组合单元,形成多个主体部分,每个主体间靠甬道连接,形成一个庞大的、有序的群体组合。合院单元组合一般正交连接,少有错位连接,建筑主体部分基本保持中轴对称的模式,主体平面也基本呈现规整的矩形。

在基本的组合单元中,厅堂、厢房和天井是最基本的构成要素,他们的位置区分以及形式的变化也体现了基本的空间等级。合院单元纵向连接发展形成轴线,不但是最基本的空间放收和蓄势的转变,而且不断把单元空间的等级和序列重复和强调,进一步形成一种新的等级序列和空间序列,进而构建居中轴线;次要建筑位于轴线上主要建筑的两侧,形成辅助配套关系的布置方式。环巢湖地区传统建筑几乎都有明显的轴线引导建筑的秩序,主要以"下厅—天井—过厅—天井—上厅"等重要空间贯穿整个轴线。民国时期以后,虽然建筑布局不再受到封建制度的约束,但建筑仍然有轴线的存在。

3.6.2　强调秩序

中国封建社会制度强调尊卑和主次。环巢湖地区的历史建筑与大多数中国传统建筑一样,受到封建宗法的约束和传统建筑思维理念的影响,多讲究中轴对称,屋舍和天井院落相对整齐,上厅居尊位,位于主轴之上。从形制的角度来说,官式建筑、庙宇及祠堂的建筑等级高于居住建筑,居住建筑开间大部分是三开间或明三暗五,面阔开间比其他类型建筑小。在建筑群中,次要位置厢房的屋脊几乎都低于轴线上的厅堂屋脊。建筑在布局上表现为尊卑有序、以中为尊的秩序,厅堂皆位于轴线上,而厢房等辅助用房只能位于两侧。普通民居建筑屋顶主要是硬山顶和悬山顶,而庙宇和祠堂建筑存在歇山顶。

3.6.3　兼容并收

环巢湖地区的传统建筑在平面布局上同时存在南方的天井和北方的院落。建筑单体以天井为核心围绕布置,形成不同平面类型,布局紧凑,利用院落把不同的基本平面灵活串联,形成均衡严谨的建筑序列。建筑造型规整,在结构上,结合南方地区建筑和北方地区建筑的特色优势,使用穿斗和抬梁混合式。居住建筑屋顶以两坡为主,有硬山顶和悬山顶两种形式,在巢湖南岸地区,兼收并蓄了皖南建筑的代表性特征之——马头墙,体现出徽文化的传播影响。除此之外,在建筑装饰上也存在对徽州建筑的模仿,尤其是在入口门的形式构成以及装饰雕刻内容和手法上,只是其精美程度逊色于徽州建筑。从另一方面看,北方中原建筑的营建风格也对环巢湖地区建筑产生了不小的影响,建筑墙面裸露,保持原材料的色彩,装饰风格粗犷、朴素,这些都是中原文化的影响。建筑从平面布局、梁架结构和造型装饰上体现出了南方建筑文化和北方建筑文化共同作用的效果,反映出环巢湖地区的传统建筑对南北方建筑文化兼容并蓄的特征。

3.6.4　注重防御

历史上的多次移民使得环巢湖地区的聚落具有多文化的背景，同时，在聚落和家族发展的过程中，除了要应对自然条件、经济文化等方面的影响，还要保证生命财产的安全，因此武力保卫的心理特征在多移民地区是很常见的。尤其到了清朝末年，淮军的组建对本地区形成尚武重义的地域文化性格产生了重大影响，在建筑营造上关注安全和防御成为民居建筑及聚落的重要理念之一。

移民村落的发展过程往往是由零星、分散到聚成具有一定规模的组团，乃至更大的村落。同宗同族的人们几乎都聚集在一个地方，形成一个村落。集中聚居型村落在安全防御方面有极大的优势，可以联合对抗危险。民国时期的民居建筑，如李家大院、卫立煌故居和宋世科故居等，都设有三层高的炮楼，上有瞭望孔、射击孔，形似碉堡，与肥西淮军圩堡建筑的防御炮楼有异曲同工之妙。在合肥和肥东地区，部分建筑装饰上运用了区别于其他地区建筑装饰的防御题材符号，以冷兵器为主，并将其做符号化处理，集中呈现在建筑的入口门上。在当时动乱的地方环境下，此类装饰主要用于威慑盗匪贼寇。从另一方面来说，运用冷兵器的装饰"固守"大门，一定层面上反映出当时人们希望通过这种装饰特征来达到驱邪避凶的心理慰藉，也反映出人们对于安家镇宅、避祸求福的美好追求。

第4章 环巢湖地区传统建筑特征影响因素

4.1 自然环境对环巢湖地区传统建筑特征的影响

4.1.1 气候条件的影响

环巢湖地区位于长江中下游地区,全年气温冬寒夏热,梅雨季节时间长,夏季多雨炎热。防暑、降温、排水、通风都是建筑营建过程中需要关注的重要问题。

传统的建筑屋顶采用双坡顶,会在檐下形成出挑,一方面起到保护墙身、梁柱等构件的作用,另一方面形成具有遮阳避雨功能的阴影空间。挑檐的做法比较统一,出挑的距离一般在 80 cm 左右,坡度与屋顶坡度一致。建筑在平面空间的组织布局上,以天井(院落)为核心,外立面不出檐,但会在面向天井或院落的檐面做挑檐处理,可以帮助组织屋顶排水,雨水从屋顶汇聚进入天井,再由天井内部的排水系统排出建筑,与皖南地区的"四水归堂"做法类似;另一方面在封闭的建筑形体中以聚集的天井营造小环境,减少热交换,开敞的天井和厅堂可以形成穿堂风,有利于空气流通,调节室内的小气候。

安徽中部的整体气候比北方地区要温暖,因而,在屋面营建时不需要铺设厚重的苫背保暖,减轻了屋面的荷载。屋面做法为直接在椽上铺设望板或望砖,再铺覆板瓦。板瓦敷设遵循上压下十分之三或者十分之七的规律,然后再铺设盖瓦,将盖瓦反扣于两垄青瓦之间,利于组织排水。大部分建筑的檐口使用花边檐瓦、勾头瓦和滴水瓦的"三件头"(图 4-1)组合方式,使屋面的落水托向前,防止檐下的木构件和墙体受到雨水的侵蚀;一些建筑会在盖瓦垄下垫上一层碎瓦,之后在扇形瓦垄的表面抹灰,这种做法也可以达到防水的目的。

为了防雨防潮,建筑的台基普遍使用石材围拢,室内柱础都是石材制作而成,而且比安徽北方地区建筑中的柱础高。外墙面使用清水砖砌筑,地面使用青石板、青砖或卵石等材料铺设。制作这些建筑的原材料在当地不仅容易获得,而且运输和施工都方便。此外,这些材料还具有坚固、防水等特点,符合潮湿多雨的环巢湖地区对建筑的防水要求。

"三件头"檐口瓦组合方式

杨振宁旧居屋顶排水做法

吴氏旧居屋顶排水做法

三河镇古娱坊屋顶排水示意

环巢湖地区有本地生木材,主要为杉木、松柏、樟木等树种。这些木材质地坚硬,防虫蛀,是建筑门窗、屋架等建筑结构构件主要采用的原料。建筑结构多为穿斗式或穿斗抬梁混合式,因其取材方便,对木料要求相对较低,便于后期维护和更换,节约经济。檩、椽、雀替、驼峰、斜撑等木构件的制作材料主要是杉木,杉木的干燥性和耐腐蚀性强,不容易弯曲、开裂。梁、枋、楼板等构件的制作材料主要是松木,松木韧性好。

图 4-1　环巢湖地区传统建筑屋面排水

4.1.2　地貌条件的影响

环巢湖地区水系发达,丘陵与河谷平原众多。这里的人们为了寻求适合居住的大环境,在聚落整体的选址上讲究逐水而居。建筑单体不需要单独考虑宏观的山水布局关系,更多的是注重建筑本体和水系的关系。

在巢湖北岸,聚落顺着水系分散在丘陵群山之中,和周边的自然环境、地形地貌有机结合在一起。大部分聚落背靠矮山，围绕着中心水塘而建；在巢湖南岸，从三河古镇遗留的传统建筑不难看出，聚落沿河流发展的特征十分明显，建筑的朝向与其他地区传统建筑遵循的坐北朝南基本规则不同，建筑沿水系而建，朝向顺着水系方向偏转，东西朝向的建筑也大量存在。

安徽北方地区平原地势开阔，所以院落尺度较大，南方地区丘陵山地较多，建筑主要以天井为核心围绕布置，平面紧凑。环巢湖地区处于二者之间，汲取了两方优势，建筑布局主要采取"天井—院落"结合的模式。院落尺度比北方地区建筑中的小，而且使用频率较低；也不同于皖南地区建筑多为两层的天井式布局，而以一层为主。

4.2 人文环境对环巢湖地区传统建筑特征的影响

4.2.1 儒道文化的影响

自春秋以来，大教育家孔子曾周游列国，至居巢古镇囊皋（今柘皋镇）进行高台讲学，那是儒家文化在本地传播的起点。隋唐开始，随着科举制度的推行，儒家文化的主导地位进一步明确。清朝时期，以科举、宗族为核心的桐城文化达到鼎盛时期，皖中地区也深受影响。

在儒学文化的影响下，环巢湖地区形成了重视纲常伦理和氏族血缘的传统。聚落以氏族为纽带，聚集而居。比如在肥东，六家畈古民居群是吴氏宗族聚居之地，大家以吴氏宗祠为核心，在周围建造房子，慢慢形成了规模庞大的建筑群体。在三河，同一个姓氏的宅基地几乎连在一起，直到今天，三河古镇民居群的入口门两侧仍悬挂写着姓氏的灯笼。氏族中有名望之人往往会组织宗祠的营建和修缮，比如孔华清集资为孔氏修建大孔祠堂，大孔祠堂中的藏书楼则是以山东孔庙中的藏书楼为蓝本建造的。另外，受宗族文化的影响，出外打拼的族人在有所成就之后，会选择重归故里，修建荣养之所，很多淮军将领得到封赏之后回到家乡修建宅院，六家畈古民居群就是多位淮军将领的故里；爱国将领张治中也在自家的旧宅附近加建了新的房屋，创建了黄麓师范学校。

儒家思想中的等级有序的礼制宗法、不偏不倚的中庸之道对中国的建筑营造产生了深远影响,建筑在形制上有严格的等级,在建筑营造上遵守规则、重视秩序。环巢湖地区的历史建筑组织布局主要是以天井为核心,其他空间围绕天井布置,平面布局中轴对称,建筑院墙高筑,对外封闭,营造安稳内向的空间氛围。居住建筑的形制不高于宗祠;附属用房在规模大小、装饰和屋脊高度上都要低于正房;家中长辈居住在最靠近堂屋的厢房,其他家族成员则按照长幼顺序分别安置在各进院落的厢房。

道教是中国本土宗教,道家主张"天地以自然运,圣人以自然用。自然者,道也"。安徽南部的齐云山是道教圣地之一,环巢湖地区作为相邻的文化区域也受到了道家思想的一些影响。崇尚生态自然,讲究天人和谐,对天地自然充满敬畏之心……这些思想内涵都在营建活动中有所体现,建筑追求与自然统一,崇尚简朴,就地取材,和谐处理人工营造和自然界的关系。建筑在选址上,尊重自然条件,选择近水平坦的地方;在群体布局中,讲究方位朝向,以虚实穿插的空间形态构建群体中轴线;在流线组织上,反复使用天井与院落,注重动静结合,在封闭的建筑环境中增加与自然交流的场所,通过有限的空间感知自然昼夜和四季的交替变化。天井周围的屋顶接角相连,将无序的屋顶排水进行了适当的引导,一方面取意聚财聚气,另一方面合理处置自然界的雨水与建筑外部水域的连接;空气通过天井循环往复,象征建筑不断吐故纳新,生命循环不止。除此之外,道家还讲究含蓄和象征之美。传统建筑外墙的开窗面积较小,不对外过度展示,反而是对内,利用内部的天井和院落来处理建筑景观。在装饰细部上,雕刻丰富,往往运用动物、植物或者象征符号来表达人们内心的愿望。用卷曲的祥云表达吉祥如意;瓦当中的蝙蝠寓意多福;正脊中间使用钱币图案装饰,希望财源广进;还有一些表达美好祝愿的植物和动物装饰图样,表达了人们对吉祥和美好的期盼。

4.2.2 移民文化的影响

在历史上,环巢湖地区主要经历过四次移民大浪潮(图4-2)。巢湖流域位处安徽中部、江淮之间,在地理区位上属于"吴头楚尾"。春秋中叶,吴越和楚在数百年间经历了无数次战争,在摩擦不断、疆域拉扯的过程中,两国百姓也在水深火热中增进了交流,楚文化和吴文化在原有的有巢文化基础上相互渗透交融。从魏晋开始,国家的经济政治重心不断南移,北方文化随之加速传播到长江流域,南北文化进一步融合。南北朝后期，由于北方连年战乱，人民为了逃避战乱纷纷南迁，巢湖地区襟江带湖，社会安定，南迁人民安定于此，大规模的人口流动促进了该地区文化和北方中原文化的交融。明代洪武年间，又有大量江西、安徽南部的氏族迁入环巢湖地区，带来了具有鲜明特色的皖南徽文化。在不断地接纳外来文化的过程中，环巢湖地区的文化形成了兼收南北、文化多元的特色。

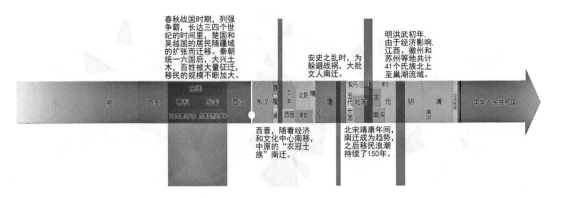

图 4-2　环巢湖地区大规模移民时间轴

由于环巢湖地区在历史上的多次移民背景，南北两方的建筑文化和技术做法也加诸此地，表现为建筑营造存在北方做法和南方技艺的结合（表 4-1）。

北方地区的建筑多以院落作为核心组织建筑空间，而南方地区因受到地理环境的制约，建筑以楼房居多，庭院占地面积小，用高宽比更大的天井来组织平面布局。在环巢湖地区，建筑中天井和院落灵活穿插，使得庭院空间的布局更加多样，也满足了更多的功能需求，恰到好处地融合了不同文化的影响。

北方地区建筑正贴以抬梁式构架为主，主要是五檩屋架和七檩屋架。南方地区建筑的屋架结构则以穿斗式为主，规模较大的建筑正贴使用抬梁和穿斗混合方式，这本身已经是一种南北文化的融合。在环巢湖地区中，传统建筑更多地沿袭了皖南地区这种南北做法的融合，正贴使用抬梁穿斗混合式构架，边贴使用穿斗式构架，少有使用完全抬梁式屋架的建筑。

北方地区建筑外立面材料裸露，装饰较少，风格粗犷，外墙多为实心墙体，砌筑方式多样；主要选用硬山屋顶，山墙面以人字形墙面为主，屋脊做法多样，两端做起翘或用鸱吻封脊。南方地区建筑外墙主要是空斗墙做法，砌筑方式主要有一眠三斗、一眠五斗和一眠七斗墙，部分建筑根据实际尺寸把多种砌筑方式混合使用，墙面刷白粉抹灰；建筑屋面有硬山顶和悬山顶，硬山顶建筑的山墙面高于屋脊，马头墙是建筑中的一个标志性元素，做法多样，有坐斗式、鹊尾式等，建筑屋脊以大量瓦片竖立堆叠排列而成，建筑内外的装饰以精美的雕刻为主。

表 4-1 南北方传统建筑与环巢湖地区传统建筑特征对比一览表

(表格来源：笔者自绘①)

地区	北方地区	环巢湖地区	南方地区
平面布局			
	院落式	天井—院落式	天井式

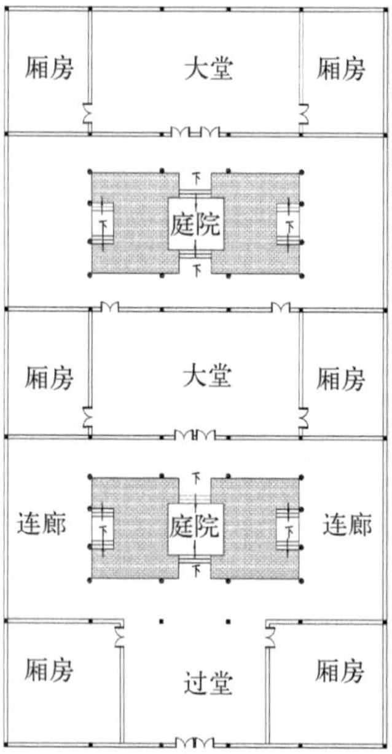

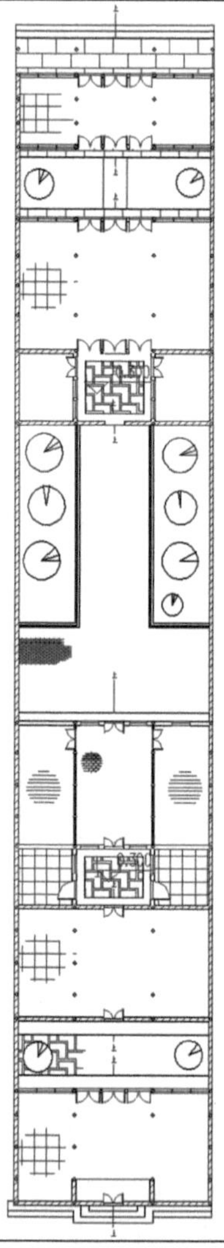

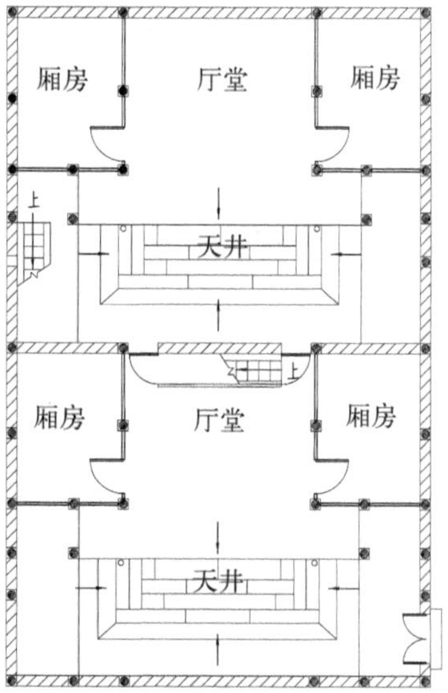

---

① 表格图片来源：环巢湖以北地区（北方地区）图片资料来源于《中国传统建筑解析与传承·安徽卷》及皖北地区文化旅游公众号；环巢湖地区图片资料来源于笔者自绘或笔者自摄；环巢湖以南地区（南方地区）图片资料来源于《安徽民居》及徽州地区文化旅游公众号。

地区	北方地区	环巢湖地区	南方地区
梁架结构			
	梁架结构以抬梁式为主	普遍是正贴使用抬梁穿斗混合式,边贴使用穿斗式	以穿斗式为主,部分建筑正贴使用抬梁穿斗混合式,边贴使用穿斗式
墙体砌筑方式		空斗墙 实墙 下碱:实墙;上身:空斗墙	
	以顺砌实墙为主	有实墙和空斗墙,以实墙和空斗墙混合形式为主	以空斗墙为主
山墙面			
	以人字形山墙面为主	巢湖北岸:以人字形山墙面为主 巢湖南岸:以马头墙为主,常见的有鹊尾式和坐斗式	以马头墙为主,而且样式多

地区	北方地区	环巢湖地区		南方地区
入口门		巢湖北岸	巢湖南岸	 月梁 垂花柱 上马石
	入口门向内凹,无门头装饰	部分建筑入口门向内凹,无门头装饰,此类建筑主要集中在巢湖北岸;部分建筑有门头装饰,以字匾门的样式为主。装饰以线条为主,此类建筑集中在巢湖南岸		建筑有门头装饰,主要形式有:字匾门、垂花门、八字门和四柱牌楼门,上面有各种题材的雕刻,装饰精美
屋脊形式				
	屋脊的营造方式较多,有花瓦脊、花板脊、小怀脊等。屋脊两端砌筑燕翅笆砖或用鸱吻封脊	建筑屋脊主要由瓦片堆叠排列而成,巢湖北岸大部分建筑屋脊两端起翘,另一部分做鸱吻。巢湖南岸建筑屋脊两端主要以山墙封脊		大部分建筑屋脊两端以马头墙封脊
立面风格				
	建筑外立面材料裸露,几乎无装饰,风格朴素、粗犷	建筑外立面材料裸露,装饰以几何线条为主,风格朴素		建筑外立面粉刷白色抹灰,粉墙黛瓦,主要使用精美的雕刻做装饰

环巢湖地区建筑外墙材料裸露,风格与北方地区建筑相仿。外墙主要是实墙,或由下至上进行从实墙到空斗墙的嫁接;院内墙以空斗墙为主,空斗墙的砌筑方式与南方地区做法类似。建筑屋顶做法主要有硬山顶和悬山顶两种;部分建筑砌筑马头墙,选择鹊尾式或坐斗式,此类建筑集中在巢湖南岸,巢湖北岸鲜少有建筑的山墙面设马头墙。此外,巢湖南岸有门头装饰的建筑比巢湖北岸的建筑多,装饰主要以几何线条为主,有部分雕刻,但精美程度与皖南地区的建筑相比仍有一定差距。建筑屋脊的做法与南方建筑相似,用瓦片堆叠而成;巢湖北岸建筑的屋脊两端起翘,规模较大的建筑屋脊两端有鸱吻;巢湖南岸的建筑屋脊常以山墙面封脊。

综上所述,环巢湖地区的建筑兼具北方地区和南方地区的建筑特征,且巢湖北岸的建筑受北方地区建筑的影响大,巢湖南岸建筑受南方地区建筑的影响更大。

4.2.3　淮军文化的影响

历史上的多次战争刺激了环巢湖地区人民居安思危、重武尚义的文化性格的产生,为了确保家人和财产的安全,建筑在营建过程中往往会加强防御功能,比如在大门内安装横门闩、撑门杠,可以防止歹人破门而入。环巢湖地区建筑主要以清水砖墙作为建筑的围护结构,与徽州建筑外墙粉刷不同,外墙裸露,装饰简洁朴素,配合屋顶的小青瓦,一方面反映建筑材料的原真,另一方面,讲究“钱不外露”。建筑围墙高耸,外墙几乎不开窗或开小面积窗,保证内部的私密性和安全性。在传统建筑类型中,有纪念武将的祠庙,比如昭忠庙、南河徐将军庙,一方面,纪念保家卫国的战士或者希望得到武将的庇护,避免出现灾害和祸乱,另一方面,也体现了环巢湖地区的人们对武将的推崇。

清朝末年,国内有太平天国运动与捻军起义,国外有对中国虎视眈眈的列强,此时的清政府内忧外患,在曾国藩的授意下,李鸿章在安徽组建了一支军队,由于将士们主要来自合肥、肥东等地,故被称为“淮军”。淮军将领在建功授勋之后纷纷归乡建造府邸。以淮军为代表的尚武文化进一步影响着环巢湖地区的建筑。

在多年的战乱纷争中,环巢湖地区形成了以家族为单位的宗族组织。淮军将领回乡后,在动荡之时,以宗祠为核心,依托地形特征,以宗族关系为纽带,村民纷纷结寨自保,因此,与普通聚落相比,淮军宗族的聚落更加封闭,具有更强的防御目的。以肥东六家畈为例,吴姓淮军将领归乡聚族建立宅邸,将族众的住宅加以封闭,围合形成多个住宅群;住宅群外围以高耸的围墙和建筑包裹,形似围城,只留少量出入口,采取群内统一管理的方式;同时,住宅群周围皆与水系相连,可达到一定的防御效果,也可与旁边的住宅群快速联系,一旦发生危险时,其族人可以及时相助,以求万全。这不仅与互帮互助的宗族礼法相适配,还体现出防御的营造理念。

淮军将领经历了仕途,体悟了封建官场的等级制度;从北方朝廷而来,感受了北方四合院建筑及环境。因而,在自宅的营建上,会更加强调秩序与等级,从规模和形制上都有所提升,最明显的就是建筑面阔与进深的增加、院落空间体量的增大。在环巢湖地区民居建筑中,一共有5处淮军将领的故居,其中吴毓芬、吴毓兰兄弟的两处宅邸(吴家花园、百年邮电)以及吴育仁故居,共3处淮军将领的宅邸面阔为五间,其余同一时期建造的住宅建筑面阔为三开间;建筑进深均为七檩五架,符合屋主人官家的身份。与普通民居相较而言,在他们的府邸中,出现院子的比例更高,或者天井的面积更大。吴育仁故居的第一和第二进皆为院子,第三进为天井。吴毓芬、吴毓兰兄弟的住宅(百年邮电)第一进天井的面积几乎是普通民居的两倍;他们的另一处府邸吴家花园是两路面阔五开间的三进建筑,两路建筑之间利用甬道相连。吴毓芬故居皆为院子,吴毓兰故居第一进为院子,第三进为整个建筑组群的后花园。此外,淮军将领宅邸的装饰更加精美。吴育仁故居和吴家花园梁架上的花纹繁复精美,入口门处置抱鼓石或石兽;吴家花园入口门处有精美的门头装饰,花园中的石雕神兽形态各异(图4-3)。

吴家花园梁架结构	吴育仁故居梁架结构	吴家花园石雕	吴育仁故居抱鼓石
吴球贞故居天井	吴家花园院落	吴家花园石雕	吴家花园石雕

图4-3 部分淮军将领故居天井(内院)和装饰示意图

在肥西地区有一种特殊的建筑类型,被称为圩堡,此类建筑起源于清朝晚期,是淮军将领回乡所建。圩堡大多依山傍水,占地较大,建筑群形成一套完整的防御体系,建造的目的是在动荡的社会中自保。炮楼是圩堡防御中的重要一环,炮楼建筑一般位于建筑群的四角或边界上,墙体厚实高耸,开窗较小,上面设有瞭望口和射击口,用于观察建筑周围的环境和抵御敌人。清朝后期到民国时期,部分民居建筑,如李家大院、卫立煌故居和宋世科故居也都开始效仿建立了碉堡式炮楼防守,功能与形式和肥西淮军圩堡类似,以达到防匪、防涝的目的。部分建筑的装饰出现形似箭头的符号,象征兵器(图4-4),也是武力的一种代表,希望能震慑宵小,保护家宅平安。

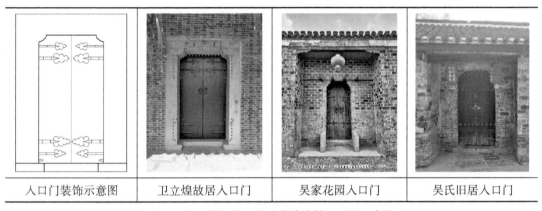

| 入口门装饰示意图 | 卫立煌故居入口门 | 吴家花园入口门 | 吴氏旧居入口门 |

图4-4 环巢湖地区部分传统建筑入口门示意图

第5章 环巢湖地区传统建筑再利用影响因子分析

5.1 影响因子的选取

5.1.1 选取原则

本章选取历史建筑再利用影响因子作为研究的核心内容,其并非由几个或几组影响因子简单组成,而是需要将其按照不同层级,划分构成为一个系统的体系结构[①]。同时,影响因子选取是否合理也会直接影响着能否客观真实地将影响历史建筑的因素进行体现。为确保选取的影响因子能够科学反映主客观因素,在选取过程中应当遵循以下原则:

(1)科学性原则

在因子的选取过程中,应在符合研究对象本身的性质特点、相互关系和宏观发展规律的基础上进行。在涉及多学科的交叉领域的因子中,如景观学领域、建筑学领域、经济学领域、系统学领域以及价值理论领域等,应有充足的理论依据作为基础,以系统内部客观要素以及因子间的本质联系为依据,正确反映因子系统整体和内部相互关系的基本特征和整体水平。

(2)综合性原则

所选取的影响因子应尽可能涉及环巢湖地区历史建筑再利用的各个方面,以得出相对全面的综合影响结果。由于对历史建筑的再利用过程中产生的因素涉及的领域比较广泛,因此在对历史建筑再利用影响因子的选取中也要具有一定的综合性。对于影响因子的选取必须能够较为全面地反映各个系统之间的属性,从局部和全局都能反映其主要的特征,同时也应当注意因子总体间的相互协调性。

[①] 田瑾. 多指标综合评价分析方法综述[J]. 时代金融,2008(2):25-27.

（3）可操作性原则

所选取的因子应满足现实条件中的可操作性。对于定性因子，应该能够在实际调研后得出相应的结论；对于定量因子，应该能够进行相关数据的采集等操作，如测量、计算等。[①] 另外，在选择因子过程中也要考虑是否能够进行量化处理，以便于数学计算结果更加准确。

（4）代表性原则

所选取的影响因子应具有一定的典型代表性，能够对其反映的一类影响因素具有代表性。同时，也应能够符合研究对象的特点，即能反映对环巢湖地区历史建筑再利用具有影响作用的因子。

（5）唯一性原则

为避免因子体系中出现具有相近或相同含义的重复因子，在所选取的影响因子之间不应该有概念相同或范围交叉的情况，每一个影响因子都应是其所代表的影响因素的唯一映射[②]。

（6）层次性原则

所选影响因子整体之间应具有一定的逻辑关联性，且因子层次应该是环环相扣，作为后期因子体系构建的基础。

5.1.2 选取角度

一直以来，影响建筑再利用的因素是复杂的、涉及多方面的，因此对应到其所映射的影响因子也是涉及多方面的。同时，影响因子的确定也会因被评价主体的不同而具有一定的变化性和不稳定性，并且随着相关理论、方法的深入研究与发展，因子选取的内容和标准也会随之发生变化[③]。本章以当前的研究成果为基础，立足于当下时代与地域背景，在较为宏观的视角下，对大部分建筑共有的影响因素进行归纳总结，主要体现在历史建筑文化传承、建筑生命周期内发展潜力、经济可行性、社会效益和可持续发展等5个角度。

（1）历史建筑文化传承角度

对于历史建筑来说，主要的影响因素为历史文化背景。对于建

---

① 梁雪春,达庆利,朱光亚.我国城乡历史地段综合价值的模糊综合评判[J].东南大学学报(哲学社会科学版),2002,4(2):44—46.

② 李娜.历史文化名城保护及综合评价的 AHP 模型[J].基建优化,2001,22(1):46—47,50.

③ 查群.建筑遗产可利用性评估[J].建筑学报,2000,25(11):48—51.

筑的历史文化背景我们也可以从下面两方面考虑：历史经历和对于历史特征的反映。

建筑的历史经历。主要是指建筑在其生命周期内，是否与一些影响力较大的历史事件、历史人物等产生关联，使得该建筑因此具有一定的纪念意义①。如名人故居和纪念馆等，它们身上都有著名的历史事迹或历史事件与之相关联，历史经历丰富，具有重要的纪念意义，同时也能够为后人的相关研究提供具有较高价值的史料文化资源。因此，建筑的历史经历会对其在再利用的过程中产生深远影响。

历史建筑对于历史特征的反映。一座建筑能否反映出其营建时期的建筑文化、城市风貌与营造技艺等特定历史时期的特征，也是评判该建筑是否具有一定历史文化背景的重要因素。例如，北京地区的四合院、上海地区的海派建筑，皆因能够较好地反映其所在地区的地域风貌与历史特征而被施以保护并对其进行合理性的改造再利用；北京故宫、山西五台山佛光寺大殿等建筑，因在其所在历史时期的建筑营建技艺上具有较强的代表性，因此被加以保护研究。我国对于能够反映出特定历史时期的历史风貌的历史建筑也逐渐予以重视，也在试图探究打破"冷冻式""博物馆式"的僵化保护方法，因此以活化再利用为主的保护方法逐渐盛行起来②。作为现代城市历史文化的有效载体，其所反映的历史特征是极为重要的，并对一个城市的风貌有着重要的影响。

（2）建筑生命周期内发展潜力角度

通过对当前社会环境下的历史建筑的改造或者升级，以期能够满足目前或者未来使用的目的，是整个历史建筑中再利用最为重要的部分和核心内容，也可以说是对历史建筑进行再利用改造的根本所在。基于此，我们对建筑的生命周期可以主要从下面两个方向去考虑：物质寿命和机能寿命。

建筑的物质寿命。一般来说，物质寿命的含义就是在全新投入使用过程中，经过自然磨损和腐蚀，直到不能够通过技术延长使用周期所经历的时间，所以也被称为"自然寿命""物理寿命"或"使用

---

① 常青.历史建筑修复的"真实性"批判[J].时代建筑,2009(3):118-121.

② 露易.历史建筑的再生[J].时代建筑,2001(4):14-17.

寿命"①。在建筑再利用过程中,我们对建筑的物质寿命进行评判,并从建筑整体角度综合考虑,通过合理的技术手段对其进行改造从而延长建筑的使用周期。对建筑现状的评判主要包括建筑原有的基础结构和体系,以及在维护结构中是否能满足当前社会的需求。同时,建筑周边的环境因素也是建筑的生命周期的主要影响因素之一②,这些因素多为外在因素,如水电的供给以及交通方面。

建筑的机能寿命。我们对建筑进行再利用改造的最主要原因是建筑机能寿命即建筑使用功能寿命的结束。然而历史建筑的物质寿命依然还可以存在很长一段时间的实践,所以这就会导致历史建筑的物质寿命和机能寿命不能够同步的情况。如果不能及时给这些历史建筑赋予新的适应当下社会背景的功能,那么这些历史建筑很可能因为长期闲置而过早地结束其物质寿命。因此,历史建筑应根据需要增加再实用性也就是增添新的使用功能,使得物质生命能够获取新的生命,从而满足生命周期的持续性③。

（3）经济可行性角度

在历史建筑活化再利用项目中,对于其经济的可行性我们一般从项目筹资的资金以及运营模式两个方向来考虑。

对项目资金筹集情况的分析。历史建筑改造项目的资金一般主要有下面几个渠道:①政府宏观部门的规划,在城市总体建设上给予的资金支持;②地产商的支持,通过私人资金的注入,保证了项目对于资金的需求;③出于公益的捐赠,对城市风貌的保护;④改造项目前期已经完成,通过运营取得的收入,再投入后期改造的过程中。对历史建筑进行再利用的过程中,充足的资金是十分重要的,也是维持项目持续进行的最根本因素④。所以,对资金的评估主要从以下几个方面进行:①整个项目的资金需求量以及各个项目在推进过程中所需要的资金具体明细;②不同周期内资金的数量;③对资金的来源可靠性进行严格的考核和审查。

---

① 王建国,蒋楠. 后工业时代中国产业类历史建筑遗产保护性再利用[J]. 建筑学报,2006(8):8-11.

② 刘丛红,潘磊,李轶凡. 国外旧建筑适应性再利用研究及启示[J]. 天津大学学报(社会科学版),2007,9(4):370-372.

③ 辛同升,杨昌鸣,邓庆坦. 延续·更新:近代建筑遗产修复再利用策略研究[J]. 新建筑,2011(2):30-32.

④ Becker F. Post-occupancy Evaluation: Research Paradigm or Diagnostic Tool[M]. New York: Plenum Press, 1988:32-43.

对运营模式可行性的分析。在历史建筑再利用过程中,其主要的运营模式也十分重要。首先需要保证经济收入的可实行性,使得项目更好地运转;其次是保证已建成项目的运营带来的经济收入能够补偿前期的资金投入,以便有较为稳定的收益来维持项目的平稳运转。

(4)综合效益角度

历史建筑的再利用过程中所产生的综合效益主要有两方面,一是建筑本身带来的直接经济效益,二是通过对建筑的改造形成的积极影响间接所带来的社会效益。

直接经济效益:对项目进行再利用的过程中,因为项目的建成更加符合人们对此的功能需求,所以在改造中符合人们心里的预期,给当地的人们带来了更多的就业机会,增加了税收,提高了当地就业经济的竞争力。

社会效益:历史建筑的再利用改造,一方面带来了直接的经济效益,另一方面以此为基础,对历史建筑的改造对于非经济层面的影响也十分重要,主要体现在成为独特的风景和象征。

(5)可持续发展角度

"可持续发展(sustainable development)"的概念是在20世纪70年代初,在斯德哥尔摩举行的人类环境研讨会上被首次提出,受到了各个国家的高度重视,各国在基于本国国情的条件下都在努力实施可持续发展的策略和政策。在历史建筑物的改造再利用过程中,可持续发展概念同样具有十分重要的意义。众所周知,对于同一建筑物在满足同一功能的使用过程中,将其应有的功能进行优化和升级比拆后重建要更为划算。在新建筑建造过程中,各个环节往往都需要材料运输以及能源的消耗,甚至会对周围环境造成不同程度的破坏,浪费人力、物力和财力。从我国建筑实用性的原则考虑,技术建造的差异性以及材料建筑的实用性在很多方面都有比较明显的差距。

根据已有的相关理论,总结归纳出以上五个历史建筑再利用影响因子的基本构成角度,但是具体的改造再利用实例会存在较大的差异,所以对于现实条件与背景下的历史建筑再利用项目,我们需要根据情况进行探讨。比如,很多地方具有历史文化价值的建筑,我们从经济方面考虑,那么对其实行再利用未必合适。

城市中很多需要改造的房子,一般都处于经济繁华的地带,我们对这些地段进行合理改善和利用能够有一定程度的升值空间,但是如果对老城区的一些建筑实行改造,那么其改造产生的成本往往会比改造产生的收益高很多,使得项目难以继续持续下去①。与周边其他区域对比,高地价和低容积率往往都不会赢得市场的认可②。因此,我们在历史建筑的再利用过程中,需要从多方面因素进行考虑。在历史建筑项目开始期间,经济因素尤为重要,同时应将历史文化放到首位考虑。历史建筑的价值是一种无形资产,这种资产能通过多方面建设带来经济收益,但城市文脉的传承以及城市风貌等的社会效益远远不能通过经济来衡量。同时,历史建筑的年限和如今城市的发展有很多实践的间隔,这些历史建筑在构造期间留下了很多独特的痕迹,这些痕迹表现出的独特建筑艺术以及与现代建筑的风格相撞等,往往增添了更多的别样体验。将此类区域进行再利用改造往往会形成独特的商业风格,增加此区域的竞争力,带来更多的就业机会,促进经济的发展。

综上所述,在选择影响因子时,我们应该从多维度多视角进行全面的考量,并且不能忽视历史建筑的历史意义,当历史建筑具有较为重要的历史价值时,不管这种历史建筑的物质基础以及使用前景如何,历史文化因素都是不可或缺的。

5.1.3 共性因子

虽然各个案例所体现的侧重点有一定的差异,但对建筑再利用效果产生影响的因子其实是具有一定共性的,可以表现在物质空间和社会精神两个层面。从物质层面考虑,多为环境配套设置,一般是交通运输以及改造效果,能够较好地反映和体现过程;从社会精神层面的要素来看,主要是从人们内心的感受出发去评价,源自参观者的体验感,包括管理服务以及对建筑文化的表达和延续③。详见表5-1。

---

① 卢健松.中部地区城市历史地段的保护与发展初探:以湖北襄樊市陈老巷历史文化街区为例[J].华中建筑,2008,26(3):176-180.

② 蒋楠.旧建筑适应性再利用潜力评价研究[J].室内设计与装修,2018(3):140-141.

③ 赵彦,陆伟,齐昊聪.基于规划实践的历史建筑再利用研究:美国芝加哥为例[J].城市发展研究,2013,20(2):18-22.

表 5-1　影响历史建筑再利用效果的共性因子

因子类别	一级因子	相似概念	二级因子
物质空间要素	道路交通	交通状况	公共交通便利性、停车条件、内部交通、周边交通状况
	建筑本体	建筑风貌、建筑品质	历史建筑改造效果、与周边建筑风格协调性、建筑形象、室内物理环境、室内空间改造
	外部活动空间	室外活动空间、开敞空间、公共空间	活动空间布局、活动空间数量、活动空间规模、活动空间适宜性、空间开敞度、广场空间尺度
	景观绿化	绿化环境、植物景观	植物配置、景观小品布局、植物种类、地面铺装
	配套设施	服务设施、公共设施	休息设施、餐饮商业设施、标识系统、公共卫生间
社会精神要素	场所文化	文化传承、主题活动	文化氛围、文化表达艺术性、举办活动多样性、活动数量、活动可参与性
	维护管理	运行维护、运行保障	环境卫生维护、管理服务满意度、宣传力度

5.1.4 特性分析

以上述对环巢湖地区历史建筑的实地调研为基础,本节罗列了各建筑样本的相关信息(详见表 5-2),并对这些建筑样本进行特性分析,使得最终筛选出的影响因子对本书中的研究对象具有更强的适用性,同时也可以根据实地调研的情况对影响因子进行补充。

历史文化背景。本书中所研究的历史建筑有一部分现有功能为纪念性建筑,历史文化背景较为丰富。环巢湖地区大多再利用价值较高的历史建筑都与其主打的"淮军文化"历史背景有较强的关联,因此,能够通过对历史建筑的再利用体现出其背后的文化蕴含,是这类建筑的核心价值所在。从该类建筑的建筑属性来看,让建筑的历史记忆与场所精神得以表达与传承是最好的再利用活化方式,因此,让建筑功能保留原有主题与记忆,或阶段性举办相关文化活动,都会对其再利用效果产生积极的作用。

建筑地理分布。环巢湖地区历史建筑保有量虽然较大,但是较大规模的历史街区并不多,因此许多历史建筑并未能集中连片地处于历史街区内,而是较为分散地分布在各处。在这样的地理分布特征下,交通可达性对于环巢湖地区历史建筑的再利用情况就具有更加重要的意义。同时,该地区许多历史建筑所处区域较为偏僻,如城市化程度较低的乡镇或偏远的村落地区,区域活力较低,基础配套设施较为缺乏。因此,考虑到参观游客的行为需求,区域配套设施对历史建筑的再利用从侧面也起到重要的作用。

表 5-2　建筑样本信息一览表

所在区域	建筑编号	建筑名称	建筑类型	建筑年代	现状功能	文保级别
合肥市滨湖新区	建筑 1	大孔祠堂	祠庙	清代	展览馆	省级
	建筑 2	卫立煌故居	民居	民国	纪念馆	市级
	建筑 3	宋世科住宅	民居	民国	纪念馆	市级
	建筑 4	唐氏住宅	民居	民国	展览馆	市级
肥东县长临河镇	建筑 5	吴球贞故居	民居	清代	展览馆	市级
	建筑 6	吴育仁故居	民居	清代	书院	市级
	建筑 7	吴氏旧居	民居	清代	纪念馆	省级
巢湖市中庙镇	建筑 8	李文安公专祠	民居	清代	纪念馆	市级
	建筑 9	昭忠祠	祠庙	清代	纪念馆	市级
肥西县三河镇	建筑 10	三河城隍庙	祠庙	民国	道观	县级
	建筑 11	旌德会馆	商业	清代	纪念馆	县级
	建筑 12	刘同兴隆庄	商业	清代	展览馆	省级
	建筑 13	仙姑楼	祠庙	清代	道观	县级
	建筑 14	罗化堂酱园	商业	清代	商铺	县级
肥东县长临河镇	建筑 15	蔡永祥纪念馆	民居	近现代	纪念馆	市级
	建筑 16	百年邮电	民居	清代	展览馆	市级
庐江县同大镇	建筑 17	南河徐将军庙	祠庙	民国	道观	县级
巢湖市市区	建筑 18	普仁医院旧址	其他	民国	展览馆	省级
	建筑 19	李家大院	民居	民国	纪念馆	省级
	建筑 20	天主教堂	其他	民国	食堂	市级
	建筑 21	巢县县委旧址	其他	近现代	办公	县级
肥西县三河镇	建筑 22	刘秉璋故居	民居	清代	纪念馆	县级
	建筑 23	杨振宁旧居	民居	清代	纪念馆	省级
	建筑 24	郑善甫故居	民居	民国	纪念馆	省级
巢湖市炯炀镇	建筑 25	李克农故居	民居	民国	纪念馆	省级
	建筑 26	炯炀李氏当铺	商业	清代	展览馆	省级
巢湖市黄麓镇	建筑 27	张治中故居	民居	民国	纪念馆	国家重点
庐江县同大镇	建筑 28	胡氏宗祠	民居	清代	祠庙	县级
巢湖市中庙镇	建筑 29	中庙	祠庙	清代	佛寺	省级
巢湖市柘皋镇	建筑 30	柘皋李氏当铺	商业	清代	展览馆	省级

区域发展前景。在环巢湖国家旅游休闲区范围内,长临河、六家畈、中庙等风光带正处于发展建设阶段,目的是将环巢湖地区内价值较高的历史建筑接连成群,形成具有一定规模的特色旅游区。在这样的发展背景下,环巢湖地区范围内的历史建筑具有一定的发展潜力,因此该地区历史建筑的规划前景对于其再利用有着举足轻重的影响力。

建筑自身特征。环巢湖地区传统建筑样本类型较为多样,有民居、寺观、商铺等,建筑特征较为复杂,所选取的影响因子应该能够具有一定的共性,即能够同时适用于这些不同类型的建筑。

结合上述样本特性,历史文化、场所精神、地理区位、发展潜力以及建筑本体的升级改造等方面的因子会对历史建筑的再利用情况产生一定的影响。具体可对环巢湖地区进行如下的梳理:

(1)交通与区位条件类:到达建筑样本地理区位的公共交通可达性、建筑样本所在区域泊车条件、建筑样本周边道路情况;建筑样本所处地理区位、建筑样本所在区域的活力情况。

(2)建筑本体类:建筑样本保存情况、建筑样本形制、建筑样本内部设施、建筑样本结构安全性。

(3)空间使用类:建筑样本室内空间利用情况、建筑样本室外空间利用情况。

(4)景观配套类:建筑样本所在区域绿化情况、建筑样本所在区域景观情况;建筑样本周边休憩设施密度、建筑样本周边商业配套设施、建筑样本周边标识引导系统。

(5)相关使用情况类:建筑样本的开放状态;建筑主题、相关活动的举办情况、建筑样本的运行维护模式;建筑样本及其所在区域的未来发展规划;实际参观客流量和人们对该建筑样本的关注热度。

5.2 影响因子体系构建

5.2.1 构建原则及流程

通过对已有研究成果的归纳梳理,可将因子层次划分的原则归纳为客观性原则和系统性原则,具体体现如下:

(1)客观性原则。客观性原则是因子体系构建过程中的核心原则,从影响因子的选择、因子分值的确定等方面,须有客观理论的支撑,以保证后续计算的客观性。

（2）系统性原则。各因子之间要有一定的联系,不但要从不同程度反映出历史建筑的再利用情况和特征,还要反映出各个因子之间的逻辑。每个子系统都可以看作是一个具体的指标,每个因子之间又相互独立并共同形成了一个有机的整体①,在整个因子体系中都是层层深入和叠加,形成了一个具有很强逻辑性的体系。

常规分析方法主要有:模糊综合评价法、灰色度关联法、层次分析法。虽然基于不同研究方法的具体操作各有不同,在进行研究时研究对象与目的也存在差异性,但都是将同一个目标分为多个层次,使得各层之间在互相独立的前提下又保持有一定的关联性,而后将其组合起来作为整体结构。层次分析法是将复杂的目标作为一个主要系统,将目标分解为多个目标或者可执行的准则,通过定量或者定性的方式进行总排序,以作为目标（多指标）、多方案优化决策的系统方法②。本书选择以层次分析法为指导思想建立影响因子集的层次结构,并提出了以下适用于本书因子体系的构建流程:

（1）分析对象并确定评价目标

采用文献参考法通过对历史建筑再利用及评价的相关文献著作进行总结归纳研究,分析各评价体系中评价因子选取的类型、准则等,为本书评价因子体系的构建提供理论基础。

（2）拆分研究对象

历史建筑再利用过程的影响因素研究也是十分复杂的问题,所以我们需要将其细分为可以进行系统性分析的因子,以便有针对性地解决问题,更好地进行科学探讨。

（3）确定影响因子的层次结构

在确定最后的影响因子以后,利用层次分析法的思想,将环巢湖地区历史建筑再利用影响因子体系构建这个多指标、多层次的问题进行逻辑梳理,将体系分解为多个层次,各层次之间相互关联,使得整个评价构建过程逻辑清晰、科学严谨,最终将影响因子分为目标层、准则层、次准则层和因子层。

（4）影响因子的数据化

历史建筑本身具有历史价值、艺术价值等隐性内涵,而这些要素往往通过定性因子的形式反映出来。对于定性因子的打分评价只能

① 李婧. 旧工业建筑再利用价值评价因子体系研究[D]. 成都:西南交通大学,2011.
② 李娜. 历史文化名城保护及综合评价的 AHP 模型[J]. 基建优化,2001,22(1):46—47,50.

由人来判断,因此评价结果往往掺杂有一定的人为主观因素,难以做到完全客观。因此,为了得到更加直观、客观的数据化计算结果,本书将通过对建筑样本的比对及数据间接引用等方法尽可能客观地对定性因子进行量化,最终转化为数字化定量评价因子。

5.2.2 影响因子的层级划分及内容确定

依据上文所述体系构建的原则与流程,本书将影响因子的层次按照目标层、准则层、次准则层与因子层进行层次的划分。目标层是指体系整体的作用方向与最终目的,是统领体系方向的第一层次;准则层将体系内的因子进行初步概括与分类,通过准则层可以大致得知该体系中的因子位于何种层面;次准则层则是对于同一类影响因子进行标题性的归纳;最后,因子层主要是影响因子最终的具体体现形式,可以直接作用于研究对象。

目标层:环巢湖地区历史建筑再利用效果影响因子。

准则层:物质空间要素层面、社会精神要素层面。

次准则层:A-道路交通、B-建筑风貌、C-建筑品质、D-建筑空间使用、E-建筑外部环境、F-配套设施、G-基地情况、H-建筑使用状态、I-场所文化、J-建筑运营、K-建筑发展潜力、L-建筑热度。

因子层:a1-交通可达性,a2-泊车条件,a3-周边道路情况;b1-建筑保存情况,b2-建筑形制;c1-内部设施,c2-安全性;d1-室内空间利用率,d2-室外空间利用情况;e1-绿化环境,e2-景观环境;f1-休憩设施,f2-商业配套,f3-标识系统;g1-地理区位,g2-区域活力;h1-建筑开放状态;i1-建筑主题与功能,i2-相关活动举办数量;j1-运维模式;k1-未来发展规划;l1-到访人次,l2-关注热度。

上述对影响因子的体系层次划分可归纳汇总为表5-3。

在层层相扣的因子体系中,每一层因子都有其特定的代表意义。通过对次准则层与因子层所包含的影响因子进行具体含义阐释,从而明确这些因子是以何种方式对环巢湖地区历史建筑再利用产生影响的。

(1)次准则层因子阐释

A-道路交通:作为到达建筑样本所在地点的便捷程度的评价标准,主要用以评价历史建筑所在区域的交通便利性以及停车便利性。

B-建筑风貌:主要指建筑样本目前的保存情况,用于评价建筑样本的保存状况及再利用后是否保留有历史原真性,反映出该建筑对于其相关历史的传承。

表 5-3　环巢湖地区历史建筑再利用影响因子层次结构

目标层	准则层	次准则层	因子层
环巢湖地区历史建筑再利用效果影响因子	I-物质空间层面	A-道路交通	a1-交通可达性,a2-泊车条件,a3-周边道路情况
		B-建筑风貌	b1-建筑保存情况,b2-建筑形制
		C-建筑品质	c1-内部设施,c2-安全性
		D-建筑空间使用	d1-室内空间利用率,d2-室外空间利用情况
		E-建筑外部环境	e1-绿化环境,e2-景观环境
		F-配套设施	f1-休憩设施,f2-商业配套,f3-标识系统
		G-基地情况	g1-地理区位,g2-区域活力
		H-建筑使用状态	h1-建筑开放状态
		I-场所文化	i1-建筑主题与功能,i2-相关活动举办数量
	II-社会精神层面	J-建筑运营	j1-运维模式
		K-建筑发展潜力	k1-未来发展规划
		L-建筑热度	l1-到访人次,l2-关注热度

C-建筑品质:经改造升级后的历史建筑延长其生命周期继续为人使用,安全性与舒适性应当得以保证。因此,建筑品质的好坏可以一定程度上反映出历史建筑改造再利用后的成效。

D-建筑空间使用:主要指历史建筑经再利用后的室内外空间的利用情况,表现为其空间的利用程度。

E-建筑外部环境:建筑的外部环境也是决定建筑整体氛围与体验感好坏的重要因素,如围绕建筑配置的景观小品、园艺绿化等。好的环境能够辅助建筑本身营造特定的空间氛围,对其再利用效果有着积极作用,宜人的环境能够使得建筑在使用过程中舒适度等方面得以提升。

F-配套设施:本书所选的建筑样本多为游览参观性建筑,因此在游览过程中周边有齐全的配套设施可以优化来访者的体验感。

G-基地情况:在建筑本体及改造再利用手法相同的情况下,建筑的区位往往会对建筑的再利用效果起着关键性的作用。

H-建筑使用状态:主要指对建筑的使用情况,建筑的状态是不是一种被利用起来的状态。部分历史建筑在保护的过程中,难以避免会出现"冷冻式"或"博物馆式"的保存方式,不能充分将历史建筑利用起来,导致其在生命周期内难以发挥应有的价值。

I-场所文化:一般来说,具有明确建筑主题的建筑对人们的吸引力更大,往往能够吸引更多参观者,因此具有更好的活力。因此历史建筑在进行再利用后能否营造出属于其自身的特定的场所文化,唤起人们的场所记忆,是其再利用过程中重要的环节。另外,除对其原有场所精神的保留与传承之外,适当开发能够迎合当前社会发展的功能并将其与原有功能有机结合起来,能够使其从实际意义上得以活化利用。

J-建筑运营:在历史建筑的再利用过程中,不同的运营方式也会对其再利用效果产生不同的影响。

K-建筑发展潜力:结合当地相关政策及规划,建筑样本所处区域或建筑本体在未来几年内有无明确的提升发展规划,对其再利用的效果也会产生重要的影响。

L-建筑热度:热度越高,说明对其关注度越高,建筑样本被重视程度就越高,以此形成良性循环,也会在一定程度上对其再利用发展产生一定的促进作用。

（2）因子层因子阐释

a1-交通可达性:以各种交通方式到达建筑样本所在地的时间。a2-泊车条件:建筑样本所在区域可容纳停车的数量。a3-周边道路情况:建筑样本所处区域的周边道路情况,如非铺装道路、水泥路或快速公路等,是否能够满足人们的正常出行需求以及便利程度。

b1-建筑保存情况:建筑样本的保存情况如何,原有的建筑面貌是否得以传承,主要用以评判建筑的精神面貌。b2-建筑形制:建筑形制是否延续原有的形制特征。

c1-内部设施:主要指建筑内部符合现代使用条件的相关设施的改造,如灯光照明、温度调节等舒适性设施,以及消防设备等安全性设施。c2-安全性:若历史建筑本身存在裂缝、塌陷等情况,是否对该建筑进行过修复、维护或加固等措施,是否符合结构安全与使用安全的要求。

d1-室内空间利用率:主要指建筑在其再利用过程中实际投入使用的建筑面积与总建筑面积之比。d2-室外空间利用情况:建筑的院落、中庭等室外空间是否得以有效利用,如作为休憩空间、景观空间等。

e1-绿化环境:指建筑样本周边区域或其所在街区的绿视率。e2-景观环境:建筑样本周边及其所在区域是否布置有可以烘托环境氛围的景观作品等,如与建筑样本历史相关的主题雕塑、景观小品等。

f1-休憩设施：建筑样本建设区域单位面积内的休憩设施（如座椅、凉亭等）的数量。f2-商业配套：建筑样本所在区域商业配套设施的规模及数量。f3-标识系统：建筑样本所在区域是否有完整的标识、引导系统，以便参观者能够便捷地抵达目的地。

g1-地理区位：主要指建筑样本所在地理位置，如城市、郊区等。g2-区域活力：建筑样本所处区域的活力，主要指经济活力、商业活力等。

h1-建筑开放状态：指建筑样本在再利用后的开放状态，如对外开放、对内部开放或封闭式管理。

i1-建筑主题与功能：建筑样本在进行再利用改造后是否具有了明确的建筑样本主题与使用功能。i2-相关活动举办数量：是否有相关的、依托此建筑样本的文化娱乐活动举行，举行相关活动能够吸引访客的参观量，并且突出建筑主题，加强访客的参与程度。

j1-运维模式：指该建筑样本再利用后的后期运营与维护模式，一般分为政府主导、政府与民间合营、民间组织自营等模式。

k1-未来发展规划：建筑样本及其周边区域或所在街区在未来（指 5～10 年间）是否有明确升级发展规划。

l1-到访人次：指到访此建筑样本的年均客流量。l2-关注热度：指的是从旅游热度矩阵角度出发，人们对此建筑的关注程度与趋势。

5.2.3 定量因子与定性因子

影响因子是对研究对象进行评价的一个基本要素，往往存在不能完全通过数据去表达的情况，评价者依据评价对象平时的表现、现实状态或对相关文献资料的分析，通过感性认知直接对评价对象做出定性结论的价值判断，其结论一般为感性用词，如"较好""较多"等词汇，采用的方法一般有问卷调查法、观察法、哲学分析法、系统分析法和逻辑分析法等，收集、处理评价信息，做出判断，进行定性描述①，这就是我们常说的定性因子。而与定性因子相对应的就是定量因子，一般要求可通过直接或间接测量、统计计算等方式直接得出较为直观的数据结论。定量因子的用途一般是其研究过程可以采用数学计算的方式进行，从而对研究对象进行定量结果价值的判断。定量因子对研究的可操作性要求较高，因为其更加注重可测量要

---

① 露易. 历史建筑的再生[J]. 时代建筑,2001(4):14-17.

素。在研究过程中,并不是所有的要素都可进行直接或间接的测量,因此应当强调整个研究体系的稳定性和统一性。过分增加要素中定量因子的比例,会导致忽视研究过程中许多难以直接测量与量化的要素特征,使得研究过程与结果大多呈现为数字形式,往往难以对评价结果做出客观的反映①。在应用中,定量因子主要用于定量评价方法,能够在较大程度上避免人的主观意识判断,使得结果更具客观性。

结合本书所选影响因子的释义以及实地调研情况,可对本书所选取的影响因子进行定量因子与定性因子的分类:将能够通过测量、统计等方式进行量化计算的影响因子作为定量因子,将主要通过感性方式进行认知的因子作为定性因子。因此,除"建筑形制""安全性"两组因子难以通过测量、统计等数据化的方式对其进行量化外,其余因子均可通过数据化方式对其进行量化。"地理区位"因子作为已经形成的既定条件,无法从该因子自身对其进行优化,因此该因子不具备优化的条件,故不将其纳入优化范畴。经上文分类后,定量因子与定性因子划分可见表5-4。

表5-4 定量因子与定性因子分类表

次准则层	因子层	
	定量因子	定性因子
A-道路交通	a1-交通可达性,a2-泊车条件,a3-周边道路情况	
B-建筑风貌	b1-建筑保存情况	b2-建筑形制
C-建筑品质	c1-内部设施	c2-安全性
D-建筑空间使用	d1-室内空间利用率,d2-室外空间利用情况	
E-建筑外部环境	e1-绿化环境,e2-景观环境	
F-配套设施	f1-休憩设施,f2-商业配套,f3-标识系统	
G-基地情况	g2-区域活力	g1-地理区位
H-建筑使用状态	h1-建筑开放状态	
I-场所文化	i1-建筑主题与功能,i2-相关活动举办数量	
J-建筑运营	j1-运维模式	
K-建筑发展潜力	k1-未来发展规划	
L-建筑热度	l1-到访人次,l2-关注热度	

---

① 朱光亚,方遒,雷晓鸿.建筑遗产评估的一次探索[J].新建筑,1998(2):22-24.

5.2.4 影响因子的量化赋值

"地理区位""建筑形制""安全性"三因子作为定性因子,无法对其与其他定量因子进行赋值,因此需要对其进行单独分析。"地理区位"是已经形成的,且不可通过后期手段对其进行改变的既有条件,因此该项因子不具备评价与优化意义。"建筑形制"方面,根据因子的含义,主要指现存建筑是否传承了其原有的建造形制等方面,该因子难以找到相关量化的转化,对其判断主要通过观察的形式,且根据实地调研情况,建筑样本的形制全部遵从其原有形制进行再利用。在"安全性"因子方面,主要指建筑经再利用后其结构安全、消防安全等是否能够达标并满足使用需求,该因子无法通过观察、测量等方法对其进行评价。一般来说,经投入使用的建筑会经过相关部门的专业评估检测,安全性尚未达到使用需求的建筑不会对外开放。本书作为研究对象的建筑样本中,均为正式投入使用的历史建筑,安全性均能够符合现在的使用需求,各建筑样本表现相同,因此该因子也不具备评价意义。

因子量化赋值是对因子权重计算过程中不可或缺的一步。通过数据量化以及层级划分的形式对定性因子进行赋值处理,而后将分值对应到相应建筑样本中,得到建筑样本在各项因子中的得分,进而通过主成分分析法对影响因子进行权重的计算。

A. 道路交通

a1-交通可达性:以建筑样本所在区域相邻的城市中心为始发点,通过公共交通的方式到达建筑样本所需的时间。根据综合运输工程学中通过旅客调查得到的数据,目前我国公路优势竞争范围的旅行时间在 2～4 h。另外,根据"考虑舒适度因素的出行价值模型"理论,随着出行时间的加长,旅客的疲劳感随之加强,超过 3～4 h 的旅行时间后旅客会开始产生明显的疲劳。结合环巢湖地区实地调研结果,本书研究对象到达时间大约分布在 0.5～3 h 区间内,因此以"小于 1 h""1～2 h""2～3 h""大于 3 h"几个区间将其划分为不同层级并对其进行赋值。

a2-泊车条件:主要通过停车位的数量是否充足对其停车的便利性进行评价。实地调研结果显示,环巢湖地区历史建筑停车位数量分布参差不齐,部分建筑样本没有配备相应的停车场,部分建筑样本停车场可容纳几十辆,容纳停车数量较多的有 500～800 辆,这里将停车位数量按照 0、100、500 进行层级划分。

a3-周边道路情况:由于建筑样本所处环境各异,有的位于城市,有的地处郊区或村落,因此其周边道路情况也参差不齐,如部分位于郊外、村落的建筑样本,其周边道路为乡间小道或砂石路等非铺装路面,部分位于城市区域的建筑样本,其周边道路为城市道路或国道、省道。在实地调研过程中发现,这也会一定程度上影响着建筑样本的后续再利用发展情况,因此根据建筑周边道路情况的不同将其分为不同层级进行赋值。

B. 建筑风貌

b1-建筑保存情况:本书主要从建筑重要构件方面对其进行考量,将历史建筑的主要构件按照梁、柱、屋顶、围护墙体进行分解,通过观察保存良好的构件的占比对其进行保存情况的层级划分。

C. 建筑品质

c1-内部设施:主要从能否满足当前使用需求方面进行考量。以马斯洛需求层次理论为借鉴,从层次结构的底部向上,将需求按照等级划分为生理需求、安全需求、社交需求、尊重需求和自我实现需求等5个层次。对应到建筑的内部设施来看,生理需求可反映为建筑的舒适性设施,如基本的水电、灯光、温度等设施的配置;安全需求可对应为建筑的安全性设施层面,如消防设施、疏散标志等;对于需求层次结构的上层需求,可将其归类为精神层面,对应到建筑的内部设施则为相关的文化设施,如通过多媒体等形式对建筑的历史文化背景进行展示等。

D. 建筑空间使用

d1-室内空间利用率:对于历史建筑的再利用来说,建筑空间使用情况可以从空间利用率、空间使用是否合理两方面来进行评价,空间利用率越高、利用方式越合理,则该建筑所发挥的价值越大。空间利用率计算方式为实际使用空间面积与总建筑面积之比,空间利用方式则是以该空间原有建筑功能与现状功能是否匹配为判断依据。以建筑9-百年邮电为例,经实地调研测量,该建筑样本的建筑总面积约为 $S1=580\ m^2$,实际投入使用的面积约为 $S2=370\ m^2$,那么该建筑样本的空间使用率公式为$(S2/S1)\times100\%$,计算结果为 64%。其他建筑样本按照此计算步骤进行计算,即可得出各建筑样本的室内空间使用率。根据调研计算结果,建筑样本中室内空间利用率最低约为 40%,最高约为 80%以上,且中间部分均有分布,因此按照 40%～80%等距划分层级进行赋值。

d2-室外空间利用情况：在实地调研过程中发现，具备一定室外空间的建筑样本在再利用过程中有着更大的优势，同时室外空间质量的高低也在一定程度上影响着建筑样本的再利用效果。室外空间评价主要从三方面进行，一是在功能上对室外空间进行一定的利用，如作为休憩空间或景观空间等；二是其实用性的体现，即为人们提供一个逗留空间，如休息设施的配置等。这也能够发挥其空间属性的价值。因此，室外空间的赋值根据其利用的情况分为未开放空间，开放未利用空间，仅作为景观空间，作为景观、休憩、停留空间四个层级。

E. 建筑外部环境

e1-绿化环境：该因子主要以街区为对象进行评价，对区域内部绿化情况的评价一般是以计算绿视率作为主要依据。绿视率的提出最早源于 20 世纪 80 年代，主要用来衡量城市空间的绿化设施情况，具体来说是指人的视野范围内绿色植物所占的比例，绿色植物的种类有花草树和立体绿化等。而后经过长时间的发展，绿视率在一定程度上被广泛应用并成为城市绿化的重要依据，即便是在高密度的建筑环境中也可以为绿化建设提供三维指标。之前的相关研究表明，高绿视率能对人产生积极的心理效益。本书采用日本学者折原夏志的分级方式，将绿视率对心理效益的正面影响分为 5 个等级：绿视率<5％为差；5％～15％差；15％～25％为良好；25％～30％为较好；30％～35％为很好。由于本书研究范围的环境中极少能够涉及立体绿化，加之绿量测算指标往往使用二维面积作为评价标准，因此本书中绿视率以计算所得二维绿量为依据，所采用的测算指标为城市绿化覆盖率，计算公式为 $Mg=(\Sigma/AC)\times100\%$。其中 Mg 为该区域内绿化覆盖率；Σ 为该区域内绿化种植垂直投影面积（m^2）；AC 为该区域[①]总用地面积（m^2）[②]。在本书实际测算过程中，植物投影为不规则形状的，均按照矩形或三角形处理，因此结果难以精确把控，存在一定的误差。以建筑 26-昭忠祠为例，该建筑保护范围面积约为 $AC=1\ 100\ m^2$，经测算，该区域范围内的绿化种植垂直投影面积约为 $\Sigma=270\ m^2$，根据公式 $Mg=(\Sigma/AC)\times100\%$ 得出该建筑样本所在区域的绿视率约为 24.5％。

e2-景观环境：景观环境主要通过景观作品来营造，如雕塑、景观小品等。有无景观作品以及景观作品与建筑的主题以及历史文化背

---

① 该区域指实际情况中建筑样本周边划定的保护范围。
② 万静，戴璐瑶. 基于绿视率的南京老城区城市道路绿化景观分析与优化[J]. 园林,2021,38(4):45-51.

景是否相关,对建筑整体氛围感的营造有着重要影响,从而进一步影响建筑样本的再利用效果。实地调研过程中,部分建筑样本配备的景观作品与建筑主题无关,或位置较为偏僻难以引人注目,因此从无景观作品、不显著的景观作品、与建筑主题无关的景观作品、呼应建筑主题的景观作品进行层级划分赋值。

F. 配套设施

f1-休憩设施:休憩设施以单位面积内配备的休憩设施(座椅、凉亭等)数量为层级划分依据。据调研结果显示,建筑样本的休憩设施密度数值普遍分布在2~8个之间,因此从此区间进行层级划分作为赋值依据。

f2-商业配套:商业配套数量主要以区域范围内商店、餐饮等数量为层级划分依据,数值分布为0~20,由于部分商铺属于待开业状态,因此数值上限不限于20。

f3-标识系统:标识系统的目的是将来访者正确合理地引导至参观处,或在建筑群中对人群起到合理的引导作用,因此以标识系统的引导到达率作为其赋值的依据,引导到达率根据从标识系统出现开始,其指示能够明确到达的路线距离占总路线距离的比例进行计算。如建筑10-三河城隍庙,其位于三河古镇风景区内,从景区入口开始计算,到达三河城隍庙约1.2 km,根据其引导指示行进至约700 m处引导标志消失,剩余500 m未予以明确指向,因此认为其引导到达率为(700/1200)×100%,即58%左右。根据实地调研,带有标识系统的建筑样本引导率分布于30%~100%之间,因此从此区间划分层级进行赋值。

G. 基地情况

g2-区域活力:区域范围内的业态形式与数量可以一定程度上反映区域的活力。一般来说,区域内整体活力与业态类型数量成正比,业态种类分布越多,区域活力往往随之升高;反之,若业态分布种类较少,则区域活力较为低下。业态种类一般可分为餐饮、零售业(百货)、居住、娱乐休闲、教育/培训、通讯、汽修/汽配、交通、医疗/保险、五金机电/机械配件、家居建材、配套服务等大类,其中前四类业态对区域活力的影响力最大,即餐饮、零售业(百货)、居住、娱乐休闲这几类业态对区域活力的高低具有决定性作用。其中餐饮类业态包括小吃、高端连锁、大众连锁、连锁快餐、火锅、酒店餐饮、高档酒楼等具体形式;零售业(百货)类业态包括城市综合体、购物中心、百货商场、超市、专业店、专卖店、仓储点、便利店等具体形式;居住类业态包括别墅、商品房、旅馆(100元以下)、快捷宾馆(200～400元)、宾馆(400元以上)等具体形式;娱乐休闲类业态包括运动保健型项目、游乐刺激型项目、文化休闲型项目、观赏体验型项目等具体形式。因此,在该层面,以建筑样本所在区域内包含前四个种类的业态类型多少为层级划分依据。

H. 建筑使用状态

h1-建筑开放状态:根据实地调研可知,建筑样本主要有以下几种开放状态。关闭未开放;仅针对特定人群与场合(如视察、检查等)开放;间歇性开放;常规开放。一般来说,常规开放的建筑样本参观阻力较小,更能够吸引人们前去参观,能够对其起到常态化利用的作用,对其社会曝光度等都有积极作用;反之,开放性不强的建筑样本的参观阻力较大,久而久之,其本应发挥的社会价值、艺术价值容易被人们忽视,难以达到其再利用效果。因此该因子按上述四种状态进行层级划分并赋值。

I. 场所文化

i1-建筑主题与功能:建筑主题是否明确,很大程度上影响着该建筑对人的吸引力。同时,建筑功能等要素也可以从侧面对建筑的主题进行反映。

i2-相关活动举办数量:通过比较建筑样本间举办相关活动的频次来评价建筑样本的再利用情况,举办活动数量的增加,可以有效提升建筑样本的知名度并将其所蕴含的场所文化得到更好的发扬。实地调研结果显示,举办活动数量分布于0～5场次之间,因此在此区间内等分层级进行赋值。

J. 建筑运营

j1-运维模式:运维模式分为政府主导运维,政府和民众共同运维,民众自主运维,加之部分建筑样本尚未明确责任主体,因此按上述四个层级进行赋值。

K. 建筑发展潜力

k1-未来发展规划:就目前情况来看,城市仍呈向前的发展趋势,因此建筑样本的发展能否与城市的发展相匹配对应,是其能否在未来得到长久发展的重要影响因素。因此,将该因子分为有专项发展规划、有区域发展规划、有自发性发展规划以及无发展规划四个层级进行赋值。

L. 建筑热度

"l1-到访人次"和"l2-关注热度":在到访人次因子中,建筑样本的年到访人次少则数万,多则近十几万,因此按照 0~10 万人次/年的区间进行赋值。关注热度因子可运用旅游热度理论中的关注热度进行量化,数据的主要来源为网页搜索量,同时提取关键词并计算搜索中搜索频次的加权和[1]。选取不同的建筑作为关键词,将 2014—2020 年全国 31 个省份对其网络中关心的数据作为矩阵的基础数据,经计算,部分知名度较低的建筑样本网页信息量极低,计算结果趋近于 0;部分知名度较高的建筑样本的计算结果在 30~60 之间,因此关注热度的赋值于 0、30~60 之间进行。

对上述因子进行赋值处理,按照相关的数据关系划分四个等级,并分别对应 0、1、2、3 四个数值,完成环巢湖地区历史建筑再利用效果影响因子体系的构建,详见表 5-5。

表 5-5 环巢湖地区历史建筑再利用效果影响因子赋值表

准则层	次准则层	因子层	评价依据	赋值
I-物质空间层面	A-道路交通	a1-交通可达性(h)	<1	3
			1~2	2
			2~3	1
			>3	0
		a2-泊车条件(辆)	>500	3
			100~500	2
			<100	1
			无停车场	0
		a3-周边道路情况	其他快速道	3
			省道或城市道路	2
			县道或乡道	1
			村道或非铺装路面	0
	B-建筑风貌	b1-建筑保存情况	保留原貌 80%~100%	3
			保留原貌 60%~80%	2
			保留原貌 40%~60%	1
			保留原貌<40%	0

① 李经龙,代传苗.旅游目的地网络关注热度矩阵与影响因素研究:以黄山风景区为例[J].合肥工业大学学报(社会科学版),2020,34(1):12-19.

准则层	次准则层	因子层	评价依据	赋值
I-物质空间层面	C-建筑品质	c1-内部设施	多媒体、信息交互等文化设施	3
			消防、应急等安全设施	2
			灯光、温度、通风等基本设施	1
			原状态,未安装其他设备	0
	D-建筑空间使用	d1-室内空间利用率	80%~100%	3
			60%~80%	2
			40%~60%	1
			<40%	0
		d2-室外空间利用情况	多样化空间:景观空间、休憩空间、停留空间等	3
			仅为景观展示	2
			开放但未做空间利用	1
			未开放	0
	E-建筑外部环境	e1-绿化环境	25%~30%	3
			15%~25%	2
			5%~15%	1
			<5%	0
		e2-景观环境	与建筑呼应的景观作品	3
			与建筑无关联的景观作品	2
			位置不显著的景观作品	1
			无景观作品	0
	F-配套设施	f1-休憩设施(处)	6~8	3
			4~6	2
			2~4	1
			<2	0
		f2-商业配套(处)	>20	3
			10~20	2
			1~10	1
			无	0
		f3-标识系统	引导率70%~100%	3
			引导率50%~70%	2
			引导率30%~50%	1
			无引导率	0

准则层	次准则层	因子层	评价依据	赋值
I-物质空间层面	G-基地情况	g2-区域活力	三种以上业态	3
			三种业态	2
			两种业态	1
			单一业态	0
	H-建筑使用状态	h1-建筑开放状态	常规开放	3
			间歇性开放	2
			针对性开放	1
			未开放	0
	I-场所文化	i1-建筑主题	延续的同时注入了新功能	3
			赋予新的功能主题	2
			延续原有功能主题	1
			未明确	0
		i2-相关活动举办数量（次/年）	＞5	3
			3～5	2
			1～3	1
			0	0
II-社会精神层面	J-建筑运营	j1-运维模式	政府主导运维	3
			政府和民众合作运维	2
			民众自主运维	1
			未明确责任主体	0
	K-建筑发展潜力	k1-未来发展规划	有专项发展规划	3
			有区域发展规划	2
			有自发性发展规划	1
			无发展规划	0
	L-建筑热度	l1-到访人次（万/年）	＞10	3
			5～10	2
			1～5	1
			0～1	0
		l2-关注热度	$40<H_A\leqslant60$	3
			$30<H_A\leqslant40$	2
			$0<H_A<30$	1
			0	0

5.3　影响因子的权重计算

"权重"是一个相对的概念,是指针对某一指标(研究对象)而言,某一因子在整体评价中的相对重要程度。前文中的影响因子对于传统建筑再利用的重要程度并不是同等重要的,经过权重计算后,可将影响因子划分为不同的影响层级,从而确定影响因子对环巢湖地区历史建筑再利用效果的重要程度,即影响程度。

5.3.1　计算方法

在统计学领域,计算因子权重的方法有多种。目前已有的较为成熟的权重计算方法大多是针对量表类题项进行分析计算,基本无法对非量表类问卷进行权重计算。

(1) 按原始数据来源不同,可分为主观赋权法、客观赋权法和组合赋权法。

主观赋权法:根据决策者(专家)主观上对各属性的重视程度来确定属性权重的方法,常用的主观赋权法包括专家咨询法(德尔菲法)、层次分析法(AHP)等。专家咨询法是由多位专家讨论共同决定各指标的权重值情况,而层次分析法(AHP)是利用专家打分,并且使用数据计算过程最终生成各指标权重值[1]。

客观赋权法:最主要的依据来自原始数据,而后通过科学计算从而确定权重,无需参考专家意见,因此具有十分强烈的客观性,没有依靠主观的判断。但若是在该计算过程中出现不当失误,那么其具体指标和实际结果差异性较大。常用的客观赋权法包括因子分析或主成分分析权重构建、熵值法等,因子分析法和熵值法直接使用收集数据进行数据计算,最终生成指标权重值。

组合赋权法:主要是根据主、客观赋权法各自的优缺点,将两种方式一起使用,而后也可以根据指标数据之间的规律进行赋权。

(2) 根据权重计算原理的不同,可分为数据信息浓缩、熟悉相对信息大小、数据熵值信息和数据波动性四类,详见表5-6。

本书选择使用客观赋权法中的主成分分析法对体系中评价因子的权重进行分析,因子分析法和主成分分析法的运算逻辑并无本质

---

① 徐进亮,吴群. 历史建筑价值评价关键指标遴选研究:以苏州历史民居为例[J]. 北京建筑工程学院学报,2013,29(2):7—11,31.

上的差异,细微区别主要表现为主成分分析法对于信息的浓缩处理更为有利,根据本书这种多指标的研究,选择主成分分析法更为合适。主成分分析法的使用可以直接计算出影响因子的方差贡献率,从而根据其贡献率大小进行排序,最终得出不同因子所占权重的排序,即对环巢湖地区历史建筑再利用效果的影响度排序。权重等级越高的影响因子,对环巢湖地区历史建筑再利用效果影响越大,在后期的优化策略提出的过程中,还需要考虑因子的影响,以此来实现对环巢湖地区历史建筑的再利用提出针对性的优化策略。

表 5-6 不同权重计算原理归纳汇总表

分 类	名 称	数据波动性	数据关联性	数字大小信息
数据信息浓缩	因子分析法	无	有	无
	主成分分析法	无	有	无
熟悉相对信息大小	层次分析法	无	无	有
	优序图法	无	无	有
数据熵值信息	熵值法	无	无	无
	CRITIC权重法	有	有	无
数据波动性	独立性权重法	无	有	无
	信息量权重法	有	无	无

5.3.2 计算过程

根据各建筑样本进行实地调研所获取的相关信息及其实际表现情况,通过相关数学量化计算的方法,按照因子层各因子对应的分值(见前表 5-5)对其进行打分,得到各建筑样本的得分表。依据建筑样本得分表中的因子得分,对影响因子进行主成分分析计算以确定因子权重。运用主成分分析法确定权重主要可分为四步进行:

效度检验。因子分析中样本主要的作用是对原有的变量进行浓缩,也就是在原来的变量中通过随机抽取从而组成不同的因子,具有一定的综合性,所以需要原变量之间要有一定的关联性。一般采用的效度检验方式为巴里特球度检验和 KMO 检验。当 $KMO>0.8$,说明效度很好,最适合做因子的相关分析;当 $KMO>0.7$,比较适合做因子分析;当 $KMO>0.6$,在可接受的范围内,能做因子分析;若 $KMO<0.6$,则表示无法做因子分析。

数据标准化。不同数据间的量纲有一定的差异,并不会保持一致,数据标准化的意义是将数据进行无量纲化处理。

因子权重计算。符合检验标准后,将数据输入 SPSS 软件中执行相关命令操作,最终可得到因子相应的"方差解释率"。此步骤目的在于将提取的因子方差解释率加权处理为 1,即最终因子的方差解释率加和变成 1,也就是对所有提的因子表达出相关的信息。对这一步进行操作后,能够清晰得知其他几个因子的权重系数,而后可以直接比较因子之间的权重大小。

因子表达式。我们从上个步骤中完成了对因子的权重计算,此步骤是对因子和题项之间的关系进行表达的过程,因此对于因子的分析程度可以更加直观地体现。同时此部分的因子表达式也需要通过"因子得分系数阵","因子得分系数阵"在输入标准化数据后由SPSS 软件自动生成。

将本书建筑样本导入 SPSS 软件中,同时进行 KMO 和巴里特球度检验,经计算得 KMO 值为 0.627($>$0.6),巴利特球度检验的相伴概率 P 值为 0.002($<$0.05),因此可得知能够很好地进行因子分析计算。

通过 SPSS 软件中的执行操作命令,为保证数据的有效性,需对得分相同的因子指标列进行删除处理,共删除两组因子。经过运算后得到总方差解释表(表 5-7)和旋转成分矩阵表(表 5-8)。总方差解释表中主要详细阐述了因子的提取相关情况,以及对因子提取的主要信息进行分析,通过该表我们可以知道,共提取出 6 个"因子",为便于区分,我们把这 6 个"因子"分别命名为主成分 1、主成分 2、主成分 3、主成分 4、主成分 5 和主成分 6。根据总方差的解释表,主成分

表 5-7 总方差的解释表(提取方法:主成分分析法)

主成分	初始特征值			提取载荷平方和			旋转载荷平方和		
	总计	方差解释率/%	累积方差解释率/%	总计	方差解释率/%	累积方差解释率/%	总计	方差解释率/%	累积方差解释率/%
1	6.013	31.649	31.649	6.013	31.649	31.649	4.296	22.611	22.611
2	3.795	19.973	51.623	3.795	19.973	51.623	3.931	20.689	43.300
3	1.798	9.461	61.084	1.798	9.461	61.084	2.485	13.078	56.378
4	1.608	8.463	69.547	1.608	8.463	69.547	2.035	10.710	67.088
5	1.174	6.179	75.726	1.174	6.179	75.726	1.354	7.124	74.212
6	1.025	5.394	81.120	1.025	5.394	81.120	1.312	6.908	81.120

表 5-8　旋转成分矩阵表

影响因子	主成分					
	1	2	3	4	5	6
区域活力	0.902					
商业配套	0.870					
交通可达性	0.636					
泊车条件		0.590				
绿化环境		0.849				
未来发展规划		0.838				
景观设计		0.716				
建筑主题			0.705			
休憩设施			0.689			
标识系统			0.801			
室外空间利用情况			0.732			
周边道路条件				−0.621		
运维模式				0.900		
内部设施					−0.718	
相关活动					0.811	
室内空间利用率						0.756
建筑保存情况						0.863

提取方法:主成分分析法。
旋转方法:凯撒正态化最大方差法。
旋转在 8 次迭代后已收敛。

1 至主成分 6 经旋转后的方差解释率分别是 22.611％、20.689％、13.078％、10.710％、7.124％、6.908％,旋转后累积方差解释率为 81.120％,这组数据说明提取出的 6 个主成分可代表总题项 81.120％的信息量,也就是说,这 6 个主成分中所包含的影响因子对环巢湖地区历史建筑再利用效果的影响是最为显著的。

5.3.3　计算结果

在得知各主成分的贡献率后,也可以通过计算在 6 个主成分中的单独权重,换个方式也就是每个主成分的贡献率和这 6 个主成分的比例,即为总贡献率。主成分 1 的权重为 0.22611/0.81120＝27.874％,主成分 2 的权重为 0.13740/0.81120＝16.938％,主成分 3 的权重为

0.12423/0.81120＝15.314％，主成分 4 的权重为 0.12237/0.81120
＝15.085％，主成分 5 的权重为 0.10606/0.81120＝13.074％，主成
分 6 的权重为 0.09441/0.81120＝11.638％。由此可见，主成分 1 至
主成分 6 中各因子对环巢湖地区历史建筑再利用的影响作用呈递减
态。由表 5-7 可得出因子权重差异结果，主成分 1 至主成分 6 权重递
减排列。主成分 1 的方差贡献率最高，位列第一层级，所包含的因子
有"区域活力""商业配套"和"交通可达性"；主成分 2 所包含的因子有
"泊车条件""绿化环境""未来发展规划"和"景观设计"，位列第二层
级；第三层级为主成分 3，所包含的因子有"建筑主题""休憩设施""标
识系统"和"室外空间利用情况"；第四层级为主成分 4，所包含的因
子有"周边道路条件"和"运维模式"；第五层级为主成分 5，所包含
的因子为"内部设施"和"相关活动"；第六层级为主成分 6，所包含
的因子为"室内空间利用率"和"建筑保存情况"。上述结果详见表
5-9。

表 5-9 影响因子权重层级划分表

因子层级	所占权重	名　称	包含因子
第一层级	27.874％	主成分 1	区域活力、商业配套、交通可达性
第二层级	16.938％	主成分 2	泊车条件、绿化环境、未来发展规划、景观设计
第三层级	15.314％	主成分 3	建筑主题、休憩设施、标识系统、室外空间利用情况
第四层级	15.085％	主成分 4	周边道路条件、运维模式
第五层级	13.074％	主成分 5	内部设施、相关活动
第六层级	11.638％	主成分 6	室内空间利用率、建筑保存情况

该结果表明，在本书所包含的 23 个影响因子中，上表中所述的
17 个因子对环巢湖地区历史建筑再利用效果的影响程度较为显著，
同时，从权重来看，层级一至层级六权重逐级递减，即所包含的影响
因子的影响力也是逐级递减的，至五、六层级影响度已不足 15％。因
此，在提出优化策略的过程中，应着重考虑上表中前四个层级所包含
的影响因子。

5.4 影响因子的表现分析

经过计算，得出对环巢湖地区历史建筑再利用影响较大的因子

有"区域活力""商业配套""交通可达性""泊车条件""绿化环境""未来发展规划""景观设计""建筑主题""休憩设施""标识系统""室外空间利用情况""周边道路条件""运维模式""内部设施""相关活动""室内空间利用率""建筑保存情况"。

在"区域活力"方面,主要反映在建筑周边区域的业态种类与人群活力上,位于不同区位的建筑样本所在的区域活力表现参差不齐。在调研的建筑样本中,区域活力较高的建筑样本多位于城镇中心,如杨振宁旧居,位于三河古镇历史街区,周边是较为繁华的城镇中心,各种业态分布密集,人员流动量较大,区域活力较高。反之,位于城市郊区、乡镇以及村落等建筑样本的整体区域活力较低。如卫立煌故居,位于合肥市滨湖新区城乡接合处,周边主要业态形式为村落,且人群密集度极低,对到访此处的游客缺乏一定的吸引力。对于区域活力的形成因素来说,一方面,受制于地理区位因素,乡镇、村落等地区人员密集度较低,难以凝聚较强的区域活力;另一方面,建筑样本所在区域缺少具有较强吸引力的业态功能,也会使得建筑样本区域活力较低。

在"商业配套"方面,相较于单独散布的历史建筑来说,位于城市区域或历史街区内的历史建筑商业配套更为完善。如位于三河古镇、长临河古镇等区域内的建筑样本,周边区域都配备有较为齐全的餐饮、住宿、娱乐、交通等设施。位于城市中心区域内的建筑样本,如李家大院、普仁医院旧址,受益于地理区位因素,周边商业配套也较为完善。以张治中故居为例,其地理位置位于村镇区域,周边配套设施匮乏,难以为前来参观的游客提供相应的餐饮、住宿、娱乐等服务。虽然该建筑本身具有一定的参观价值,但周边配套设施条件的缺失,使得到访此处的游客大大减少,这也会成为其再利用进程中较大的阻力。

在"交通可达性"方面,主要以建筑样本所在区域为终点,通过公共交通的方式,从合肥市或巢湖市的城市主城区或交通枢纽出发到达该点所需时间与便利性作为衡量依据。经调研发现,在该地区通过公共交通到达建筑样本的时间分布在0.5~4 h区间,平均耗时约为2.05 h(图5-1)。在30个建筑样本中,23处建筑样本表现为2~2.5 h,这些建筑大多位于规划发展较为成熟的风景旅游区(如三河古镇、长临河古镇)内,其地理区位虽然不在城市区域,但是针对景区的旅游路线等较发达,为其提供了较大的便利。6处建筑样本表现为约

1.5 h以内,大都位于城市区域。其中,用时最短的为0.5～1 h,有建筑18-普仁医院旧址、建筑19-李家大院、建筑20-天主教堂和建筑21-巢县县委旧址,建筑样本皆位于巢湖市城区,因此通过公交等方式抵达较为方便快捷。用时最长的建筑样本有1处,为南河徐将军庙,位于庐江县南河村,需要约4 h才可到达。

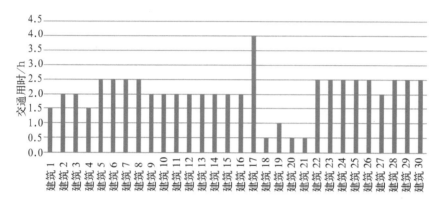

图5-1 建筑样本交通可达性

"泊车条件"主要指建筑附近可容纳的停车位数量,包括停车场、临时车位等形式。调研发现,受制于建筑周边空间环境等因素,许多建筑样本缺少充足的空间进行停车位的设置。经统计,建筑周围没有配备停车场的建筑样本有14个,接近总样本数的一半,这些建筑样本大都呈单独分布的形式。配备有专属停车场的建筑样本多呈一定规模的群体性布局形式,且位于景区内,其中停车位数量最多的是三河古镇历史街区,车位数量约为800个,最少的约有40个车位(图5-2)。

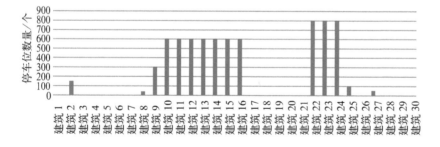

图5-2 建筑样本停车位数量对比

在"绿化环境"因子中,通过对建筑样本环境绿视率的计算(图5-3)发现,环境绿视率在5%～15%之间的建筑样本有25处,在15%～25%之间的建筑样本有5处。以三河城隍庙为例,其位于三河古镇历史街区内,街区内的绿化呈集中分布的特性,而建筑周边缺少相应的绿化构成,使得建筑建成环境不够完善。

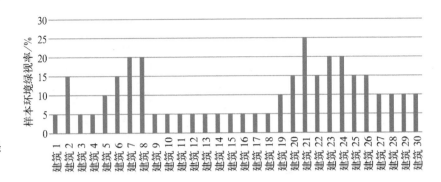

图 5-3 建筑样本绿
视率对比

"发展潜力"主要指建筑本身或其所处区域在未来的规划发展前景。环巢湖部分地区正在着手打造"淮军小镇"风光带,计划未来5～10年内完成,在特色风光带形成后,预计在规划范围内的建筑样本在各方面都会较当前有显著提升,如交通的便利性、配套设施的完善性等方面,因此该部分建筑样本的整体发展潜力较大。其余建筑样本所处区域未见有整体的发展蓝图,主要依靠建筑自身条件,在其生命周期内进行更新与再利用。

在"景观设计"方面,围绕建筑主题布置相应的景观小品等艺术作品,能够强化建筑主题,引起人们的兴趣与注意。同时,也能够根据建筑场地情况对空间尺度起到辅助协调的作用,对建筑的整体建成环境起到优化作用。根据实地调研,将建筑样本分为呈零散分布的独立建筑样本和呈规模性分布的群体建筑样本两类进行分析。零散分布的独立建筑样本共计 10 处,其中仅有 1 处建筑样本有相应的景观布置,为建筑 2-卫立煌故居(图 5-4 左),在建筑的入口前广场立有卫立煌的人物雕塑,同时周边的景观经过合理的规划设计。如结合水景设立观景平台,营造花园空间等,形成具有游览观赏性的景观空间。其余大部分建筑周边缺乏能够烘托建筑主题氛围的景观布置,且建筑周边绿化的设计感较弱,以蔡永祥纪念馆(图 5-4 右)为例,作为纪念性建筑,在建筑入口等处可以布置相应的雕塑等景观艺术小品,用以烘托建筑的纪念性氛围。在群体建筑样本中,同样缺少相应的景观小品配置。以吴球贞故居为例,该建筑样本隶属六家畈古民居群,受该建筑群体分布特征的影响,中间形成有尺度较大的中央广场空间,具备充足的空间环境条件进行相应的景观设计与规划,但却缺少相应的设计,使得整体环境尺度不够协调。同样,在位于三河古镇的建筑样本中,建筑周边较为空旷的空间环境并未进行相应的景观布置。

图 5-4 卫立煌故居(左)与蔡永祥纪念馆(右)入口空间

"建筑主题"主要指建筑现状功能是否能够体现该建筑的历史经历。在 30 处建筑样本中,有 6 处建筑样本不能够通过现状功能明确直观地反映出该建筑的历史经历。以建筑 7-吴氏旧居和建筑 19-李家大院为例,这两处建筑仅局限于形体空间、物质形态方面(如风貌、结构、空间等)的修复,未赋予明确的建筑主题与功能,不能体现与该建筑有关的历史经历,如历史人物、历史事件的展示等,因此建筑的场所文化与精神没有得以充分传达。

"休憩设施",一是指建筑样本周边休憩设施(如座椅等)的数量,二是指建筑周边环境中是否营造了适合游客停留休息的休憩空间。调研发现,大部分独立的文保单位在其保护范围内配备的休憩设施数量较少,位于历史名镇内的建筑样本周边有休憩设施的配置,但普遍难以满足使用者需求。以长临河古镇内的历史建筑为例,该区域内休憩设施的密度与该区域内人流的密度并不匹配,如公共座椅、凉亭等设施往往供不应求,且许多座椅毗邻道路,不能为参观者营造适宜的空间环境。

在"标识系统"方面,具有外部标识引导设施的建筑样本有 23 处,但表现不一。以位于六家畈古民居群的建筑样本建筑 5-吴球贞故居、建筑 6-吴育仁故居为例,这两处建筑样本周边具备明确的标识指引,对其建筑的方位与到达路线指示清晰,到访者能够依据指引较为容易地到达建筑。也有部分建筑样本的标识系统不够明确、系统,如烔炀李氏当铺,该建筑位于烔炀老街内,该建筑样本仅在街区入口处设置有一幅规划总平面图,在街区内部缺少实时的对应指引,到访者难以实时确认其所处的位置,加之内部路径规划不够完善合理,使到访者不容易找到相应的目的地。缺乏相应引导设施的建筑样本共 7 处,如南河徐将军庙,位于村落,缺少外部标识引导,使到访者不易寻找。

"室外空间利用"主要指通过对建筑室外空间（如院落、中庭等）的改造与利用，营造形成景观空间或停留空间。在本书研究对象中，对室外空间予以利用的建筑样本有 17 处，多以布置植物绿化、盆景等景观为利用方式，同时配以座椅等设施，营造使人可以停留的空间，吸引参观者在此停留观赏、休憩，使该空间得以利用。以百年邮电为例（图 5-5 左），其院落空间布置有景观植物以及石桌石凳等，形成可休憩的景观空间，许多游客选择在此处停留观赏、拍照休息，在增添了观赏性的同时也拓展了建筑的空间功能。同时，仍有部分建筑样本的室外空间并未予以利用，共有 13 处，如烔炀李鸿章当铺（图 5-5 右），其建筑中庭空间为硬质铺地，没有景观或相关设施的布置，该空间的价值未得到发挥。与工作人员访谈后得知，该建筑系原址重建，主要受限于建设成本等因素，部分建筑空间与功能尚未完全开发。

在"周边道路条件"方面，建筑所在区域的周边道路为国道、省道或城市道路的样本有 26 个，占大多数，周边道路为乡村道路的样本有 4 个，均为铺装道路。以南河徐将军庙为例，该建筑样本位于庐江县南河村，道路满足现代交通工具的行驶条件。由此来看，本书研究对象的建筑样本整体道路条件能够满足现代社会的通达需求，在此方面的优化空间较小。

图 5-5　百年邮电（左）与烔炀李氏当铺（右）院落空间

"运维模式"主要指建筑再利用过程中资金、管理等方面是由政府主导还是由民众自主主导。经过实地调研发现，由政府引导出资与管理的建筑样本再利用效果普遍优于民众自主运营的效果。较为典型的案例如李克农故居与烔炀李氏当铺，二者都位于巢湖市烔炀镇，建筑的区域环境等各方面条件较为相近，李克农故居由政府出资进行修整、维护与运营，相关管理较为规范；烔炀李氏当铺系村民集资筹建，后期管理方面主要由乡镇驻地的文化部门人员负责，管理模式较为随意散漫,不够规范。另外,资金的不足使得运营困难,焖炀李氏当铺希望通过招商引资等方式吸引商家的资金支持。

在"建筑内部设施"方面,经过调研,所有建筑样本对内部基础设施进行了改善,如基本的水电、灯光等都有配备,且建筑内部整体环境方面也进行了优化,能够满足当前使用者的需求。建筑在舒适性设施方面有所配置,如杨振宁旧居、吴育仁故居、刘同兴隆庄以及张治中故居等,配有空调等温控设施(图5-6),进一步迎合了当前社会的使用需求,提高了建筑使用的舒适性。

图5-6 建筑内部设施

"相关活动"主要指通过举办与建筑的场所文化相呼应的活动,以达到强化建筑主题的目的。经过调研,在30处建筑样本中,能够围绕建筑主题举办相关活动的建筑样本仅有5处,如吴育仁故居现在作为朝霞书院,会定期开展文化沙龙、书画展览以及主题教育等活动,仙姑楼、南河徐将军庙以及中庙寺等宗教建筑有宗教活动,其余建筑样本均属于被动参观的状态。

"室内空间利用率"主要指建筑室内空间是否被高效利用,通过建筑空间有效使用率①进行判断。以单层平面空间为主的建筑样本整体空间利用率较高,最高约100%,最低约60%,平均约为79.6%(图5-7)。较好的建筑内部各空间连接性与合适的视线深度,提升了内部空间到达的便捷程度,可以有秩序地组织引导人群进行参观游览,提高了建筑内部空间的利用率。以刘秉璋故居(图5-8左)为例,该建筑样本为典型中式传统建筑多进合院式空间,建筑内各空间的可达性与可见性都较高,大部分房间均可有序到达,且以展览等形式对各部分空间进行了利用,充分发挥了建筑空间的价值。部分建筑样本有多层建筑,以吴氏旧居(图5-8右)为例,该样本包含二层建筑

---

① 建筑空间有效使用率:建筑内予以利用的非闲置建筑面积与总建筑面积之比。

1座,其空间利用率仅约为50%,其单层部分的建筑空间得以充分利用,但对于院落末端的二层建筑部分未予以充分利用。

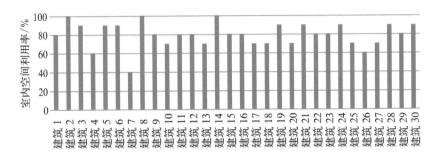

图5-7 建筑室内空间利用率

在"建筑保存"方面,主要考虑建筑本体的保护与修缮情况,保存情况较差的建筑样本如唐氏住宅,建筑本体有较严重的损毁,且未对其进行相应的修缮,导致利用率极低;再如吴谦贞故居,位于六家畈古建筑群,该建筑样本只针对第一、第二进堂屋进行修缮,而两侧厢房的保护情况不佳。

图5-8 刘秉璋故居(左)与吴氏旧居二层楼(右)

第6章　环巢湖地区传统建筑再利用优化策略

6.1　优化内容与方向

　　由前文因子权重的层级排序可知,影响环巢湖地区历史建筑再利用效果的因素并不仅仅在于建筑本体的改造情况,社会背景、周边环境等因素同样对其再利用效果具有重要影响。另外,在我国历史建筑的再利用过程中,相关政策和机制依然存在许多问题有待完善,与之相关的理论研究也十分零散,尚未完成系统化、体系化的进程。综合来看,这些问题从以下方面能够得以体现:

　　(1) 缺乏从城市、街区等宏观角度的整体考量,往往只针对建筑自身独立进行改造,却忽略了建筑所处区域的建成环境是否能够满足相应的需求。如在一些地理位置较为偏远且交通不便的乡村,部分建筑虽然进行了升级改造,但区域配套的缺乏、交通的不便以及后期维护的不力等因素,往往导致难以真正发挥其所拥有的价值。

　　(2) 对需要改造的历史建筑缺乏必要的深层研究,导致思维固化,改造模式相对单一。在本书所选取的历史建筑样本中,以民居建筑为例,其再利用功能绝大多数为展览、纪念,再利用方式较为单一,且缺乏能够满足当下社会消费者需求的多样性功能。

　　(3) 对历史建筑在历史文化、传统功能以及技艺传承等方面的价值不够重视,在改造以及再利用过程中没有将建筑独有的特色文化充分发挥出来。例如具有地域代表性的特殊营造手法,或与建筑相关的历史事件等能够充分体现该建筑价值之处的闪光点并未被充分发掘。

　　(4) 改造过程较为盲目,造成历史建筑周边原有的文化环境被破坏,没有充分考虑建筑与环境的关系。尤其是对于历史建筑来说,大多数情况下,其周边的建成环境已经形成稳固化发展的状态,若是对历史建筑进行不恰当的改造,其周边环境也会遭到一定的破坏。

　　(5) 在理论方面,针对历史建筑的再利用方面目前尚未形成完善的、公认的理论指导与相关规范,没有比较完整的结论,所以在后面的历史建筑改造中缺乏比较有针对性的指导。

　　针对以上所述问题,并结合本书影响因子的层级划分结果,对不同的因子特性进行分析可得出如下结论:"区域活力""商业配套""休憩设施""标识系统"等因子特性表现都与配套设施密切相关,即配套设施的好坏对上述因子特性的表现具有较强的影响,因此将这些因子的优化方向定位为"配套设施";"交通可达性""泊车条件""周边道路条件"与道路交通状况密切相关,因此将其优化方向定位为"道路交通";"绿化环境""景观设计"与"室外空间利用情况"等因子皆反映了建筑样本的景观环境属性,因此将其优化方向定位为"景观环境";"建筑主题""运维模式""内部设施""相关活动""室内空间利用率"等因子均受建筑自身升级改造情况影响较大,同时也反映了建筑再利用后的运行表现情况,因此将其定位为"建筑本体"方向。本书以上述4个方向为出发点,提出针对环巢湖地区历史建筑的策略。另外,本书所指的优化主要是在现有的再利用情况下,更加有重点、有针对性地对一些再利用举措进行优化提升,以期达到更好的再利用效果。

　　根据上文因子层级的计算结果以及表6-1中的影响因子与其所反映的优化方向,可以得出优化方向的优先等级排名,以区分其重要性的不同。其中,将经过分析需要进行优化的因子定义为"有效因子"。"道路交通"方向共包含因子数3个,占据第一、二、四层级,其中有效因子分布于一、二层级;"配套设施"方向共包含4个因子,分布于第一、三层级;"景观环境"方向共包含3个因子,位于第二、三层级;"建筑本体"方向共包含5个因子,其中有效因子分布于第三、四、五层级。据此,可以将这四个优化方向按重要程度进行大致的划分,按照优先顺序,可以依次从"道路交通""配套设施""景观环境"和"建筑本体"等方面对环巢湖地区历史建筑的再利用提出优化策略。

6.2　道路交通优化策略

6.2.1　提高公共交通覆盖度

　　随着环保意识的普及,选择公共交通出行的人群呈渐增趋势,公共交通在人们的出行中扮演着愈发重要的角色。环巢湖地区历史建筑所处地理位置分布不均,部分区域公共交通覆盖度低,到达不便。

表 6-1　影响因子特性表现与优化方向一览表

层级划分	影响因子	特性表现	是否需要优化	优化方向
第一层级	区域活力	位于城镇中心的建筑活力较高,乡村地区活力较差	是	配套设施
	商业配套	景区、历史街区内建筑配套齐全,单个建筑配套缺乏	是	配套设施
	交通可达性	0.5~4 h区间;平均2.05 h;23处建筑样本2~2.5 h;6处建筑样本1.5 h以内;最长4 h	是	道路交通
第二层级	泊车条件	停车位数量0~800个;14处建筑样本无停车场	是	道路交通
	绿化环境	街区内的绿化呈集中分布的特性,而建筑周边缺少相应的绿化构成	是	景观环境
	未来发展规划	部分建筑样本所处区域发展潜力较大	否	发展规划
	景观设计	大部分建筑样本无相应景观设计,建成环境缺少景观节点	是	景观环境
第三层级	建筑主题	基本都有明确的建筑主题与功能	是	建筑本体
	休憩设施	休憩设施分布密度普遍较低,在建筑保护范围内表现为0~6个	是	配套设施
	标识系统	具备标识系统的建筑样本有23处	是	配套设施
	室外空间利用情况	13处建筑样本未予以利用;予以利用的利用方式多为布置景观、座椅等	是	景观环境
第四层级	周边道路条件	大部分建筑样本所在区域道路能够满足通勤需求	否	道路交通
	运维模式	部分建筑再利用后资金、管理等方面存在不足	是	建筑本体
第五层级	内部设施	全部对水、电、灯光等设施进行了升级	否	建筑本体
	相关活动	5处建筑样本有活动,其余缺乏	是	建筑本体
第六层级	室内空间利用率	绝大多数建筑样本利用率在60%以上	否	建筑本体
	建筑保存情况	—	—	—

　　通过上文对该因子特性表现的表述来看,建筑样本整体的公共交通便利程度对于短途出行来说,所耗时长并不占优势。因此,提高公共交通的便利性,以期增加客流量,对于环巢湖地区历史建筑再利用来说是必要的优化举措。针对该问题可提出以下几点优化策略:

　　① 在现有公交路线的基础上,合理增加公共交通线路的开通。包括但不限于旅游专线的开通,加强与市区以及重要交通枢纽的联系,扩大公共交通在文保建筑所在区域的覆盖范围,以方便到达位于偏远乡镇、村落等的建筑。对于近郊短途出行来说,路程时间在2 h以内为人们普遍能够接受的较为舒适的区间,因此最好使到达各处

建筑的时间控制在 2 h 以内。

② 考虑到某些建筑在非节假日期间参观量可能会有明显下降，长期开通公共交通路线可能有"空车"现象的存在，使得运营成本增加，因此针对这部分建筑，可仅在节假日期间增派公交路线。

③ 采取私人交通与公共交通相结合的方式。选取合适的地理区位设置公共交通站点，使得游客方便以私人交通的方式到达，而后转乘公共交通。

6.2.2 增加停车场所容纳量

此项优化策略更多适用于非景区独立分布的建筑。环巢湖地区有许多历史建筑尚未形成群体化或街区等布局模式，相对独立地散布在村落城镇当中。这类建筑所在区域通过公共交通的方式到达较为不便，加之近几年私家车的普及，以自驾的方式来参观分布较为分散的建筑成为不在少数的选择，因此与之匹配需要相应规模的停车场所及空间。实地调研发现，由于部分建筑样本所处区域的空间局限性较大，停车位数量不够充足，这也从一定程度上反映出这些历史建筑在再利用过程中缺乏以整体性思想为指导的宏观规划，没有把建筑置于整体的环境背景下进行考量，妥善地处理好历史建筑与街区或城市之间的关系。尤其每逢周末、节假日，部分区域的到访车辆数量剧增，以现有停车场所的条件难以承载巨大的流量。因此，建议相关管理部门在建筑周边区域设立合适数量的泊车条件，以便减小来访阻力，吸引更多游客到来，同时，也可以使得建筑周边的街区风貌更加整洁有序。

针对此项问题，须结合历史建筑的保护范围，在符合相关法律法规规定以及建筑规范的情况下合理规划建筑周边的空间功能，预留合适的停车场所。同时，针对周末、节假日或相关活动举办等会造成车流量井喷式增长的情况，可增设分时段的临时停车区域，以应对井喷式的停车需求。对于配备有停车场地的建筑样本来说，首先需要合理规划车位，满足停车数量的需求，同时停车场所距离建筑样本的步行距离不宜太远。

6.3 配套设施优化策略

对于建筑再利用的好坏，并非仅由建筑自身的条件决定，建筑的建成环境同样有重要的影响,例如所处区域的功能、业态、配套设施等方面。从社会角度来看,若建筑样本所处的区域具备良好的社会环境条件,则其所在区域就具有一定的社会影响力,能够得到政府、社会各界与民众的重视,是社会视线的聚焦点。从人的行为角度来说,齐全的配套设施能够满足人们各方面的需求,对人们产生更大的吸引力,这也能够从侧面促进相关单位对该区域内历史建筑再利用的重视,从而采取更加积极的方式对其进行保护与改造,最终形成良性循环。

6.3.1 完善服务与配套设施

整体来看,环巢湖地区历史建筑的再利用主要以展览、纪念等功能为主。根据对因子特性的分析,用于服务游客的配套设施(如休闲、娱乐等)种类和数量都相对缺乏,亟待完善。同时,建筑所处街区同样存在配套设施缺乏的情况,导致整体商业业态不佳,不能够为大多数游客提供便利、完善的服务。

随着社会经济的发展,现今的旅游业也改变了以往的单一模式,不再是纯粹的观光旅行,而是伴随衍生出其他相关产业。其中包含了休闲、娱乐以及购物等功能的一体化观光模式,整个配套服务设施更加完善,以满足游客的大部分需求,从而吸引更多的游客。因此,可以针对建筑周边环境及地域文化特色,打造具有当地特色的配套设施。以中庙景区为例,可以利用滨水优势,临水建设相应的服务设施,如湖景餐厅、邻水步行街等,游客在使用配套设施的同时还能更好地享受滨水景色带来的乐趣。同时,采取灵活的投资方式,并强化对于商业经营的规范管理,营造秩序性强的游览环境。

6.3.2 完善休憩与引导设施

(1)休憩空间与休憩设施

对于有广场空间的历史建筑来说,广场多为人们集中活动的区域,因此在对座椅进行设置的同时也要考虑到交通堵塞的发生。一般来说,广场空间人流量较大,座椅的设置一般也只作短暂性休息使用,不适用于长时间停留。因此,在这样的空间条件下,需要将座椅设置在道路的一侧,沿广场边缘部分设置座椅,以便在游客得到短暂休息的同时,也能够降低对于区域范围内公共交通的干扰。另外,在这些休憩座椅的周围可适当增加绿化,在夏季可以起到遮阴避阳之作用。休息座椅的设置主要是由建筑周围的环境设置决定的,座椅的设置需要考虑人们活动较为频繁的区域划分设置,以便于形成相对安静的环境,为游客提供可停留的空间。

经过对该因子特性表现的分析,发现从休憩设施的数量以及休憩空间来看,大部分建筑样本达不到合理的布置需求。针对此问题,可以在建筑保护法规允许的范围内进行空间的合理划分,分隔出适合提供休憩功能的空间。同时,对于临水而建的建筑,可以结合其滨水空间进行休憩空间的布置,该部分空间可结合堤岸的形式,沿滨水岸线布置,搭建亲水平台,同时临水设置休憩设施,使人们在得到休息的同时也获取良好的景观视野。

（2）标识引导设施

明确清晰的标识系统可以减少参观阻力,提高运营效率。经实地调研发现,许多历史建筑的位置并不明显,位于村落或景区深处,不易被参观者直接发现,这就需要在建筑周边设置明确的引导设施,方便参观者顺利抵达。尤其对于形成群体规模的历史建筑或历史街区来说,内部的步行参观路径也是非常重要的。因此,针对此项问题,建议疏通历史街区内部道路,对其作出清晰明确的路径规划,并在出入口及各重要交通节点建立完整的标识引导系统。

另外,标识系统的形式可以结合建筑样本特色进行设计,可与景观小品相呼应,或作为另一种形式的景观出现,在保证其功能性的同时起到一定的美化环境的作用。

6.4 建筑外部环境优化策略

6.4.1 增设景观作品

在公共空间环境中,景观小品是重要的组成元素。优秀的景观小品结合文化主题,可以较好地展示所在地的文化特色,成为营造文化氛围的点睛之笔;另一方面,景观小品可以供人们驻足观赏,同时丰富空间环境,活跃区域气氛,使观赏者获得美的享受,满足人们的精神需求,增加生活趣味,营造良好的人居环境。

对于景观小品的布置,需要结合公共空间的实际情况对其进行合理分布。一般来说,景观小品分布的最佳位置是在入口、广场、庭院等容易形成视觉焦点的区域,从而可以较为直观地体现空间特色,增强场所的识别性,同时也对较大尺度的空间起到协调作用。景观小品的设置要充分体现历史建筑及其所在区域的文化特色,如能够反映过去湖泊码头场景的雕塑或是体现抗战文化特色的艺术作品。另外,还可以在建筑入口等处,将建筑的历史经历与再利用后的功能相结合作为主题创作景观小品,如融入淮军文化、抗战精神等元素,创作体量合适的具有标志性的艺术雕塑。

6.4.2 优化绿化环境

在以观光为主要游览内容的区域内,具有设计感的绿化环境对参观者的良好心理感受会起到积极的作用。结合各建筑样本的环境绿视率及对该因子的特性分析,发现环巢湖地区历史建筑的绿化设计与绿化面积水平普遍较低。针对环巢湖地区历史建筑的绿化环境存在的问题和不足,在后续的再利用过程中,应该更加重视建筑周边绿植环境的改善,包括绿化广度的增加与相关绿化景观的营造。以建筑5-吴球贞故居为例,其建筑周边具备充足的空间环境,现状为草坪绿化。面对这种空间特性,可以在草坪中央部分设置景观性植物,如景观树等,其次可以沿建筑基础成排布置灌木性质的植物进行环境的美化。

6.5 建筑本体优化策略

6.5.1 传承场所文化与精神

经过对该项因子特性的分析可知,部分建筑样本未被赋予相应的建筑主题与功能,导致场所精神文化的缺失;同时,具有明确主题与功能的建筑样本也存在进一步优化的空间。无论是延续原有的功能还是进行功能的变更,这两种形式都应该能够反映建筑所蕴含的历史文化与精神。针对此问题,本文提出的优化策略如下:

① 加强建筑主题的表达。历史建筑经过再利用改造并投入使用后,如果没有明确的建筑功能与主题,就等同于没有有机的生命。只有赋予了明确的主题与功能,才能让其在新的生命周期内充分发挥应有的价值。因此,在建筑进行再利用后使其具有明确的主题功能,是极为必要的措施。以长临河古镇吴氏旧居为例,建筑经过整修后在基础使用方面已经达到较为成熟的条件,但就建筑功能而言,并未

能够清晰地反映建筑主题,因此缺乏一定的吸引力,参观者在进入建筑内部游览的过程中难以感受到其所传达的场所文化。根据实地调研情况,此类建筑可以在建筑内部通过展览陈列的形式,对与该建筑有关联的历史事件或其主人的历史事迹等进行描述介绍,形成合理的游览路线。

② 增加相关活动的举办。环巢湖地区历史建筑周边区域的活动设置,整体参与感较弱,参观者仅通过文字或语言介绍难以对该建筑所蕴含的文化背景产生深刻的印象。因此也需要关注区域内部自发性和社会性的激发,根据建筑的实际情况开展对应的活动,充分利用历史文化背景的特点,有序开展各种主题活动,从而吸引更多的游客参观,促进当地经济的发展。对于有明确主题的建筑,可围绕该主题开展相应的文化活动。如与人物相关的历史建筑,以蔡永祥纪念馆、卫立煌故居为例,可围绕历史人物的事迹,组织学校、单位开展红色教育活动;与历史文化相关的建筑,以烔炀李氏当铺、百年邮电为例,可以利用曾经的典当文化、邮政文化背景,定期组织小型演出,或以此为延伸举办其他相关的文化活动。

③ 优化建筑后期运维模式。建议政府部门加强管理,从资金、管理等方面支持历史建筑的再利用,并且要贯穿全程。

6.5.2 优化建筑功能与空间

由于环巢湖地区历史建筑类型以民居为多,综合考虑成本以及改造的便利性等原因后,纪念馆、展览馆等几乎成为改造再利用的主要手段,使得建筑种类与功能略显单调(图6-1)。从传承建筑主题与文化的角度来看,这是对历史建筑文化的保护,因此,在保留功能的基础之上,可以适当注入部分新功能到再利用的建筑中,用以激发其潜力,增强建筑的适用性。

就目前情况来看,环巢湖地区历史建筑的空间再利用形式较为单一,多将空间在原有建筑的基础之上进行划分,并不能够完全适应当前的需求。同时,建筑功能也不够丰富,多以展馆、纪念馆等形式进行改建。因此,对于空间尚有富余的部分建筑,可适当将其建筑功能进行拓展,注入能够适应当下人们需求的功能。如美国昆西市场,为了迎合当时繁荣的购物文化,对建筑墙体两侧的空间进行了拓展,注入了商铺、餐饮等新功能。同样,针对建筑空间充足,尤其是周边商业配套较为欠缺的建筑样本,可以考虑在其内部利用率较低或者闲置的空间注入商业性质的新功能，在优化功能空间的同时也能为建筑带来更强的活力。

图 6-1　以展陈为主的单一功能空间

结　语

　　传统建筑形式、风貌的形成是基于社会、文化、地理等多方面共同作用的结果。吴楚之间、江淮之地这一独特的地理位置,使环巢湖地区传统建筑兼具了北方建筑和南方建筑的风貌及性格;儒道文化、移民文化和淮军文化交织,催生了该地区建筑的文化多元性特征。建筑将地域历史与文化结合起来,在建筑群体布局上遵循中国传统的营造理念;在流线组织、功能关系、营造方式和装饰色彩等方面,兼具了地域和时代的特点,充分体现了匠人们的技艺水平和学习态度,以及环巢湖地区文化体系的包容性。目前环巢湖核心区已挂牌文保单位的历史建筑有 54 处,主要建于晚清和民国时期。

　　环巢湖地区历史建筑的特征及其形成的影响因素可以归纳为以下几个方面:

　　(1) 地理区位加上移民文化的影响,使得各种资源及文化在此地交汇,形成了环巢湖地区的地域建筑文化。在建筑平面布局的组织上,南方的天井和北方的院落共存;梁架结构上普遍使用穿斗和抬梁混合式,在方便取材、易于建造以及保证结构稳定的前提下,获取了更大的室内使用空间。造型和装饰上明显可见皖南建筑的风格,巢湖南岸比巢湖北岸建筑受到的影响更大,但与皖南建筑相比,装饰的精美程度还有不足;裸露的建筑外墙保存了建筑原本材料的色彩,体现了质朴、粗犷的风格,与北方建筑类似。

　　(2) 在中国传统儒道文化思想的影响下,环巢湖地区历史建筑在形制方面遵循礼制法度,在取材以及空间营造等方面遵循"物我合一"、与自然和谐共存的思想。

　　(3) 历史上该地区的战乱纷争繁多,使得环巢湖地区与周围地区相比对武将精神更为推崇,以淮军文化为代表的本土武将精神对当地文化影响深重。在建筑营造上体现为氏族聚族而居,注重防御功能,建筑外墙高耸,对外封闭。晚清及民国时期的建筑中出现了具有防御功能的炮楼,在装饰符号上使用冷兵器题材,震慑宵小,防战防灾。

　　本书对环巢湖地区历史建筑的地域特征及其影响因素做出了相

应的分析和总结,从地域文化的长远发展和建筑保护的角度来看,认识建筑的基本特征是唤醒建筑活力、提升建筑生命力的首要前提。在特征研究的基础上,结合建筑目前的使用现状,对环巢湖地区具有代表性的历史建筑再利用后的效果进行评价,分析环巢湖地区历史建筑在活化再利用过程中存在的问题,提出如下相对应的优化策略:

(1) 完成环巢湖地区历史建筑再利用影响因子的选取。通过对国内外的建筑遗产保护和再利用的相关理论与评价方法的研究成果进行归纳分析,梳理得出建筑再利用评价的通用方法,为本书的因子体系的构建提供理论基础。对历史建筑样本进行实地调研,结合环巢湖地区历史建筑的特点,获取有关其再利用现状情况的相关信息以及数据,并以对该地区的地域特征为线索对研究对象进行特性分析,使得本书所选取的影响建筑再利用的因子具有更强的针对性。

(2) 构建环巢湖地区历史建筑再利用影响因子体系并量化赋值。将选取的影响因子运用层次分析法对其进行层级划分,最终构建环巢湖地区历史建筑再利用影响因子体系,分为物质空间层面要素和社会精神层面要素两个准则层因子,包括道路交通、建筑风貌、建筑品质、建筑空间使用、建筑外部环境、配套设施、基地情况、建筑使用状态、场所文化、建筑运营、建筑发展潜力、建筑热度等 12 个次准则层因子,以及 23 个因子层因子。将因子体系中的因子进行量化赋值,最终建立一个经过量化的、以客观数据为主的环巢湖地区历史建筑再利用影响因子体系。

(3) 计算得出对环巢湖地区历史建筑再利用效果影响力较高的因子。借助 SPSS 软件,根据各建筑样本的得分情况,运用主成分分析法,计算得出影响因子的权重层级排序,随后将所得结果对应建筑样本的实际表现情况进行分析,得出环巢湖地区历史建筑再利用的问题与不足。

(4) 提出相对应的优化策略。根据计算得出的因子影响力排序,分别从道路交通方面提出了提高公共交通便利性、增加停车场所容纳量;配套设施方面提出了完善服务与配套设施、完善休憩与引导设施;建筑外部环境方面提出了增设景观作品、优化绿化环境;建筑本体方面提出了传承场所文化与精神、优化建筑功能与空间这一系列具有针对性的优化策略。

通过本书的研究不难发现,影响历史建筑再利用的因素是多方面的,从外部环境条件到建筑自身的改造,均会对历史建筑再利用的效果产生影响。受制于相关法律法规,对历史建筑本体的改造具有一定的限制性,因此改善历史建筑所处的外部环境对其利用效果具有重要意义。我国虽然在历史建筑的保护与研究方面取得了一定的进步,但是研究起步较晚,投入的精力不足,尤其是在新旧建筑的共存上以及旧建筑的合理修复方面,成功的案例不多。虽然国外有相对成功的案例和经验分享,但是我国所处的地域文化和背景与国外都不尽相同,不能直接对国外的经验进行生搬硬套。所以我们应当在吸取其他城市成功和失败经验的基础上,再根据历史建筑当地的实际情况进行可行性的分析和研究,以便于能够确定具体的改造方式,减少损失。在这个过程中,需要多方共同积极参与,对历史建筑实施合理的保护,让新老建筑能在整个城市中和谐共存,使得历史文化能够得到传承,展现独特的城市文化风貌。

参考文献

［1］舒梦龄.巢县志［M］.合肥：黄山书社，2016.

［2］巢湖市居巢区地方志编纂委员会.巢湖市居巢区志（1986—2005）［M］.合肥：黄山书社，2008.

［3］黄云等修，林之望等纂.安徽省庐州府志［M］.台北：成文出版社，1970.

［4］肥东县地方志编纂委员会办公室.肥东县志［M］.合肥：安徽人民出版社，1990.

［5］巢湖文化研究会.巢湖文化全书：历史文化卷［M］.北京：东方出版社，2008.

［6］葛剑雄.中国移民史［M］.台北：五南图书出版股份有限公司，2005.

［7］张安东.环巢湖研究：第1辑［M］.合肥：中国科学技术大学出版社，2017.

［8］合肥市地方志编纂委员会办公室.环巢湖十二镇［M］.合肥：安徽美术出版社，2017.

［9］薛建军.环巢湖名人故居的保护与设计研究［M］.合肥：黄山书社，2018.

［10］朱永春.安徽古建筑［M］.北京：中国建筑工业出版社，2015.

［11］中华人民共和国住房和城乡建设部.中国传统建筑解析与传承：安徽卷［M］.北京：中国建筑工业出版社，2016.

［12］张靖华.湖与山：明初以来巢湖北岸的聚落与空间［M］.天津：天津大学出版社，2019.

［13］张靖华.九龙攒珠：巢湖北岸移民村落的规划与源流［M］.天津：天津大学出版社，2010.

［14］潘谷西.中国建筑史［M］.7版.北京：中国建筑工业出版社，2015.

［15］姚承祖.营造法原［M］.张至刚，增编.北京：建筑工程出版社，1959.

［16］侯洪德，侯肖琪.图解《营造法原》做法［M］.北京：中国建筑工业出版社，2014.

［17］单德启.安徽民居［M］.北京：中国建筑工业出版社，2009.

［18］刘仁义，金乃玲，等.徽州传统建筑特征图说［M］.北京：中国建筑工业出版社，2015.

［19］冯晓东，雍振华.香山帮建筑图释［M］.北京：中国建筑工业出版社，2015.

［20］中国建筑学会建筑史学分会.建筑历史与理论：第5辑［M］.北京：中国建筑工业出版社，1997.

［21］王南，孙广懿，叶晶，等.安徽古建筑地图［M］.北京：清华大学出版社，2015.

［22］肖宏.徽州建筑文化［M］.合肥：安徽科学技术出版社，2012.

［23］国家文物局.中国文物地图集：安徽分册［M］.北京：中国地图出版社，2014

［24］刘致平.中国建筑类型及结构［M］.3版.北京：中国建筑工业出版社，2000.

［25］梁思成.中国建筑史［M］.北京：生活·读书·新知三联书店，2011.

［26］王晓华.中国古建筑构造技术［M］.北京：化学工业出版社，2013.

［27］钱钰,王清爽,朱悦箫,等.苏北传统建筑调查研究［M］.南京:译林出版社,2019.

［28］崔晋余.苏州香山帮建筑［M］.北京:中国建筑工业出版社,2004.

［29］迪耶·萨迪奇.权力与建筑［M］.王晓刚,张秀芳,译.重庆:重庆出版社,2007.

［30］肯尼斯·鲍威尔.旧建筑改建和重建［M］.于馨,杨智敏,司洋,译.大连:大连理工大学出版社,2003.

［31］尤嘎·尤基莱托.建筑保护史［M］.郭旃,译.北京:中华书局,2011.

［32］周卫.历史建筑保护与再利用:新旧空间关联理论及模式研究［M］.北京:中国建筑工业出版社,2009.

［33］杨宇峤.历史建筑场所的重生:论历史建筑"再利用"的场所构建［M］.西安:西北工业大学出版社,2015.

［34］张松,王骏.我们的遗产·我们的未来:关于城市遗产保护的探索与思考［M］.上海:同济大学出版社,2008.

［35］张松.历史城市保护学导论:文化遗产和历史环境保护的一种整体性方法［M］.2 版.上海:同济大学出版社,2008.

［36］周俭,张恺.在城市上建造城市:法国城市历史遗产保护实践［M］.北京:中国建筑工业出版社,2003.

［37］潘谷西.中国建筑史［M］.5 版.北京:中国建筑工业出版社,2004.

［38］阮仪三,王景慧,王林.历史文化名城保护理论与规划［M］.上海:同济大学出版社,1999.

［39］杨秉德.中国近代城市与建筑(1840—1949)［M］.北京:中国建筑工业出版社,1993.

［40］常青.建筑遗产的生存策略:保护与利用设计实验［M］.上海:同济大学出版社,2003.

［41］蒋涤非.城市形态活力论［M］.南京:东南大学出版社,2007.